上海市职业教育"十四五"规划教材

世界技能大赛项目转化系列教材

移动机器人

Mobile Robotics

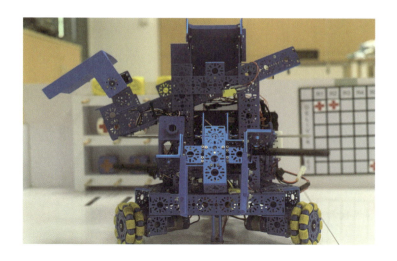

主　编◎王珺荻　葛华江

上海教育出版社

SHANGHAI EDUCATIONAL
PUBLISHING HOUSE

世界技能大赛项目转化系列教材
编委会

主　任：毛丽娟　张　岚

副主任：马建超　杨武星　纪明泽　孙兴旺

委　员：（以姓氏笔画为序）

　　　　马　骏　卞建鸿　朱建柳　沈　勤　张伟罡

　　　　陈　斌　林明晖　周　健　周卫民　赵　坚

　　　　徐　辉　唐红梅　黄　蕾　谭移民

序

　　世界技能大赛是世界上规模最大、影响力最为广泛的国际性职业技能竞赛，它由世界技能组织主办，以促进世界范围的技能发展为宗旨，代表职业技能发展的世界先进水平，被誉为"世界技能奥林匹克"。随着各国对技能人才的高度重视和赛事影响不断扩大，世界技能大赛的参赛人数、参赛国和地区数量、比赛项目等都逐届增加，特别是进入 21 世纪以来，增幅更加明显，到第 45 届世界技能大赛赛项已增加到六大领域 56 个项目。目前，世界技能大赛已成为世界各国和地区展示职业技能水平、交流技能训练经验、开展职业教育与培训合作的重要国际平台。

　　习近平总书记对全国职业教育工作作出重要指示，强调加快构建现代职业教育体系，培养更多高素质技术技能人才、能工巧匠、大国工匠。技能是强国之基、立国之本。为了贯彻落实习近平总书记对职业教育工作的重要指示精神，大力弘扬工匠精神，加快培养高素质技术技能人才，上海市教育委员会、上海市人力资源和社会保障局经过研究决定，选取移动机器人等 13 个世赛项目，组建校企联合编写团队，编写体现世赛先进理念和要求的教材（以下简称"世赛转化教材"），作为职业院校专业教学的拓展或补充教材。

　　世赛转化教材是上海职业教育主动对接国际先进水平的重要举措，是落实"岗课赛证"综合育人、以赛促教、以赛促学的有益探索。上海市教育委员会教学研究室成立了世赛转化教材研究团队，由谭移民老师负责教材总体设计和协调工作，在教材编写理念、转化路径、教材结构和呈现形式等方面，努力创新，较好体现了世赛转化教材应有的特点。世赛转化教材编写过程中，各编写组遵循以下两条原则。

原则一，借鉴世赛先进理念，融入世赛先进标准。一项大型赛事，特别是世界技能大赛这样的国际性赛事，无疑有许多先进的东西值得学习借鉴。把世赛项目转化为教材，不是简单照搬世赛的内容，而是要结合我国行业发展和职业院校教学实际，合理吸收，更好地服务于技术技能型人才培养。梳理、分析世界技能大赛相关赛项技术文件，弄清楚哪些是值得学习借鉴的，哪些是可以转化到教材中的，这是世赛转化教材编写的前提。每个世赛项目都体现出较强的综合性，且反映了真实工作情景中的典型任务要求，注重考查参赛选手运用知识解决实际问题的综合职业能力和必备的职业素养，其中相关技能标准、规范具有广泛的代表性和先进性。世赛转化教材编写团队在这方面都做了大量的前期工作，梳理出符合我国国情、值得职业院校学生学习借鉴的内容，以此作为世赛转化教材编写的重要依据。

原则二，遵循职业教育教学规律，体现技能形成特点。教材是师生开展教学活动的主要参考材料，教材内容体系与内容组织方式要符合教学规律。每个世赛项目有一套完整的比赛文件，它是按比赛要求与流程制定的，其设置的模块和任务不适合照搬到教材中。为了便于学生学习和掌握，在教材转化过程中，须按照职业院校专业教学规律，特别是技能形成的规律与特点，对梳理出来的世赛先进技能标准与规范进行分解，形成一个从易到难、从简单到综合的结构化技能阶梯，即职业技能的"学程化"。然后根据技能学习的需要，选取必需的理论知识，设计典型情景任务，让学生在完成任务的过程中做中学。

编写世赛转化教材也是上海职业教育积极推进"三教"改革的一次有益尝试。教材是落实立德树人、弘扬工匠精神、实现技术技能型人才培养目标的重要载体，教材改革是当前职业教育改革的重点领域，各编写组以世赛转化教材编写为契机，遵循职业教育教材改革规律，在职业教育教材编写理念、内容体系、单元结构和呈现形式等方面，进行了有益探索，主要体现在以下几方面。

1. 强化教材育人功能

在将世赛技能标准与规范转化为教材的过程中，坚持以习近平新时代中国特色社会主义思想为指导，牢牢把准教材的政治立场、政治方向，把握正确的价值导向。教材编写需要选取大量的素材，如典型任务与案例、材料与设备、软件与平台，以及与之相关的资讯、图片、视频等，选取教材素材时，坚定"四个自信"，明确规定各教材编写组，要从相关行业企业中选取典型的鲜活素材，体现我国新发展阶段经济社会高质量发展的成果，并结合具体内容，弘扬精益求精的工匠精神和劳模精神，有机融入中华优秀传统文化的元素。

2. 突出以学为中心的教材结构设计

教材编写理念决定教材编写的思路、结构的设计和内容的组织方式。为了让教材更符合职业院校学生的特点，我们提出了"学为中心、任务引领"的总体编写理念，以典型情景任务为载体，根据学生完成任务的过程设计学习过程，根据学习过程设计教材的单元结构，在教材中搭建起学习活动的基本框架。为此，研究团队将世赛转化教材的单元结构设计为情景任务、思路与方法、活动、总结评价、拓展学习、思考与练习等几个部分，体现学生在任务引领下的学习过程与规律。为了使教材更符合职业院校学生的学习特点，在内容的呈现方式和教材版式等方面也尝试一些创新。

3. 体现教材内容的综合性

世赛转化教材不同于一般专业教材按某一学科或某一课程编写教材的思路，而是注重教材内容的跨课程、跨学科、跨专业的统整。每本世赛转化教材都体现了相应赛项的综合任务要求，突出学生在真实情景中运用专业知识解决实际问题的综合职业能力，既有对操作技能的高标准，也有对职业素养的高要求。世赛转化教材的编写为职业院校开设专业综合课程、综合实训，以及编写相应教材提供参考。

4. 注重启发学生思考与创新

教材不仅应呈现学生要学的专业知识与技能，好的教材还要能启发学生思考，激发学生创新思维。学会做事、学会思考、学会创新是职业教育始终坚持的目标。在世赛转化教材中，新设了"思路与方法"栏目，针对要完成的任务设计阶梯式问题，提供分析问题的角度、方法及思路，运用理论知识，引导学生学会思考与分析，以便将来面对新任务时有能力确定工作思路与方法；还在教材版面设计中设置留白处，结合学习的内容，设计"提示""想一想"等栏目，起点拨、引导作用，让学生在阅读教材的过程中，带着问题学习，在做中思考；设计"拓展学习"栏目，让学生学会举一反三，尝试迁移与创新，满足不同层次学生的学习需要。

世赛转化教材体现的是世赛先进技能标准与规范，且有很强的综合性，职业院校可在完成主要专业课程的教学后，在专业综合实训或岗位实践的教学中，使用这些教材，作为专业教学的拓展和补充，以提高人才培养质量，也可作为相关行业职工技能培训教材。

编委会

2022 年 5 月

前　言

一、世界技能大赛移动机器人项目简介

移动机器人项目属于世界技能大赛制造与工程技术领域 14 个比赛项目之一，2013 年在德国莱比锡举办的第 42 届世界技能大赛中首次入赛，当时名为"机器人遥控项目"，后改为现在的名称。我国于 2017 年、2019 年分别派出选手参加该项目比赛，并于 2019 年在俄罗斯喀山举办的第 45 届世界技能大赛上获得金牌，实现了中国选手在世界技能大赛移动机器人项目上金牌零的突破。

移动机器人是集环境感知、路径规划、动作控制等多功能于一体的综合系统，移动机器人项目是指运用机械设计与安装、传感技术、电子技术、机器视觉、控制技术、计算机工程、信息处理、人工智能等多学科理论知识和操作实践经验，围绕机器人的机械和控制系统进行工作的竞赛项目。

该项目的比赛要求是运用相关理论知识与操作实践经验，围绕机器人的机械和控制系统进行工作，选手须具备设计、生产、装配、组建、编程、管理和保养机器人内部的机械、电路、控制系统的能力，安装、操作机器人的控制系统，测试机器人每个部件和整体性能，确保符合行业标准。

该项目注重考核选手的工作规范与习惯、与队友合作、与对手共享场地使用、与人沟通交流、5S 规范等综合素养；考查选手的创意与灵感、思维与逻辑，要求选手能描述专业符号、表达专业图形；特别是在机器人精确距离行走、角度转向、传感器功能测试等方面全面考查选手软硬件设计的能力。从大赛的评价要素看，该项目体现了现代社会对人才综合素质与能力，尤其是创新意识与规范意识的要求。

二、教材转化路径

从世赛项目到世赛教材的转化，主要遵循两条原则：一是教材编写要依据世赛的职业技能标准和评价要求，确定教材的内容和每单元的学习目标，充分体现教材与世

界先进标准的对接，突出教材的先进性和综合性；二是教材编写要符合学生的学习特点和教学规律，从易到难，从单一到综合，确定教材的内容体系，建立有利于教与学的教材结构，把世赛的标准、规范融入具体的学习任务。

根据世赛内容并结合专业教学实际，本教材以一个移动机器人完成拣球、归位为工作要求，从设计、安装、调试、运行的完整过程入手设计教学任务，确定了五个工作模块，包括移动机器人设计、移动机器人装配、移动机器人底盘系统功能实现、移动机器人目标管理系统功能实现、移动机器人运行，并将职业素养融入五个工作模块。五个工作模块可根据工作内容和流程划分为多个工作任务，引导学生从"学习目标"出发，以需求为导向，明确每个任务要做什么。"思路与方法"部分可引导学生一步步思考：是什么？为什么？怎么做？结合本项目的专业知识和操作技能，教材中又设计了多个"活动"，让学生边完成活动边学习相关知识，对照操作要领，检验操作结果。通过任务评价表，学生可按照世赛相关评分细则对任务完成情况进行自我评价，并结合完整的技能评价标准，对实践部分进行整体评价。在"拓展学习"部分，学生还可获得更多的资料和信息，进一步提升操作技能。最后，学生可尝试用学到的知识回答思考题，并开展实践练习，既动手又动脑，不断提升对移动机器人的综合运用能力。教材转化路径如下图所示。

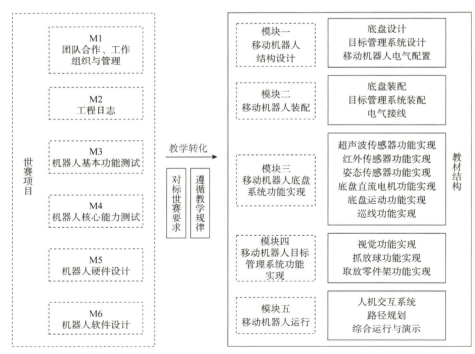

移动机器人项目教材转化路径图

目　　录

模块一

移动机器人
结构设计

移动机器人的应用与物流系统物品分拣和转运密切相关，物品的扫码、从原料库取件、将原材料放置到零件架、零件架的转运等工作都离不开移动机器人的支持。由于移动机器人种类繁多，因此通过直接有效的设计使其满足工作现场的需求就显得尤为重要。

为完成扫码、抓放球、按指定路径放零件架等工作要求，本模块的任务是设计具有可移动底盘及目标管理系统的移动机器人。移动底盘可实现万向移动，目标管理系统可实现抓放球、机构的升降和伸缩等功能。

移动机器人组成部分示意图如图 1-0-1 所示。

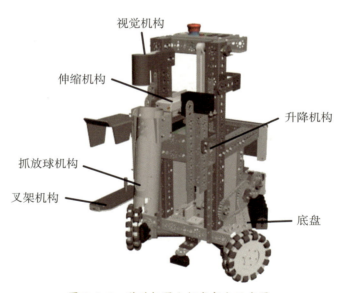

图 1-0-1　移动机器人组成部分示意图

任务 1 底盘设计

 学习目标

1. 能根据道路尺寸和速度要求设计底盘结构,确定尺寸大小。
2. 能根据万向移动要求选择合适的底盘轮系。
3. 能根据运动要求选择合适的传感器和电机型号。
4. 能使用专业绘图软件绘制底盘结构图。
5. 能绘制规范的图纸,遵守工程图纸的绘制要求,培养严谨细致、精益求精的工匠精神。

 情景任务

在一个有限的空间里,散落着不同颜色、数量不等的高尔夫球,地面高低起伏,现在需要设计一款机器人,将这些球按规定要求拣收回工件架上。

这是一个复杂的工程。综合考虑场地的形状、尺寸,以及机器人的负载能力、结构稳定性、灵活度等因素,必须先设计一个满足全向、坡度、负重、平稳移动等要求的底盘,才能完成任务。

 思路与方法

一、底盘由哪些要素组成?

底盘由机械结构、连接件、电机、轮系、传感器组成。机械结构主要起支撑和固定的作用,常用铝件、铸铁等材料。电机为底盘提供动力,并带动机械结构运动。轮系是实现机器人底盘移动的载体,底盘主要靠轮系的带动实现运动。

想一想

机器人底盘的主要部件有哪些?

二、选择哪种结构的底盘才能达到要求?

常见的底盘有两种,分别是矩形底盘和三角形底盘。矩形底盘需要四个轮子驱动,占地面积较大;三角形底盘只需三个轮子驱动,占地面积相对较小。一般情况下，尽量使用三角形底盘完成任务，可同时节省成本与空间。三角形底盘如图 1-1-1 所示。

三轮驱动底盘的运动性能之所以灵活稳定，是因为三个轮子相对于车体中轴线对称，各点物理尺寸与承载重力完全一致，且机器人的中心与三个轮子转动轴线的交点重合，可保证其运行移动时具有较好的稳定性。

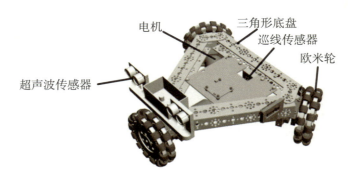

图 1-1-1　三角形底盘

由于场地道路宽度一般在 600 mm 左右，为使机器人能够自如移动，底盘大小应有所限制。另外，若要求移动机器人运行平稳，则全向移动最为经济实用。综上所述，三角形底盘为最优选择。

三角形底盘由三条长度为 288 mm 的铝件相互交叉连接组合而成，三个点的固定角度分别为 60°，此结构能够将底盘最大宽度控制在 500 mm 内。

三、选择哪种轮系可实现底盘万向移动？

为使底盘能够灵活移动，我们一般选择全向轮。常见的全向轮有两种，分别是麦克纳姆轮（Mecanum Wheel）和欧米轮（Omni Wheel）。麦克纳姆轮承重能力强，与地面的摩擦力大，不容易打滑，适用于矩形底盘驱动。欧米轮则灵活快捷，适用于三角形底盘驱动。两种轮系的结构如图 1-1-2 所示。

图 1-1-2　麦克纳姆轮（左）和欧米轮（右）

为保证机器人快速灵活地移动，同时考虑到其负重较轻，因此选择灵活性和稳定性较高的欧米轮。

四、选择什么样的电机和传感器？

为实现机器人底盘移动，需要设计驱动装置电机。考虑到移动机器人的速度要求，可选择三个底盘电机。同时应设计超声波传感器和巡线传感器，保证移动机器人直线行走且不和周围墙壁碰撞。

五、绘制底盘结构草图需要哪些工具？

绘制底盘结构草图需要 SolidWorks、AutoCAD、3DMAX 等专业绘图软件。

活动

根据以上思路和方法，结合道路宽度约 600 mm 的要求，现进行具体的底盘设计活动。

活动一：绘制底盘

1. 测量实物（误差在 ±1 mm 内），并进行等比例绘图。使用专业绘图软件绘制一根长 288 mm、宽 30 mm 的 U 形铝件，如图 1-1-3 所示。

图 1-1-3　铝件结构图

2. 在已绘制的铝件两端各画出一根长度、宽度相等的铝件，使三根铝件组成两两夹角为 60° 的等边三角形，并通过连接件连接起来，如图 1-1-4 所示。

想一想

绘图时要遵守哪些行业标准？

图 1-1-4　三角形底盘机械结构图（平面）

注意事项

1. 绘制过程中要预留轮系和电机的放置位置。

2. 绘制完成后要切换视角观察图形是否正确。

3. 反复观察连接件部分是否存在偏差，确认无误后记录工程日志。

试一试

请使用 Solid-Works 软件绘制矩形底盘。

3. 将平面图处理成立体图，如图 1-1-5 所示。

图 1-1-5　三角形底盘机械结构图（立体）

活动二：绘制轮系、传感器、电机

1. 测量实物（误差在 ±1mm 内），并进行等比例绘图。在相邻两根铝件的连接处依次绘制电机和电机底座，电机主轴朝外，如图 1-1-6 所示。

图 1-1-6　电机位置图

　　2. 在相邻两根铝件的相交处依次绘制欧米轮。欧米轮的移动是由电机驱动的，因此要紧靠电机，如图 1-1-7 所示。

图 1-1-7　欧米轮位置图

　　3. 在底盘后方绘制超声波传感器，在底盘前方绘制巡线传感器，如图 1-1-8 所示。

巡线传感器

超声波传感器

图 1-1-8　电机轮系底盘图

想一想

超声波传感器的作用及原理是什么？底盘上巡线传感器的作用及原理是什么？

想一想

除了轮子，还有哪些因素会对底盘运动产生影响？

 **总结评价**

1. 依据世界技能大赛相关评分细则，本任务的评分标准详见下表，总分为 10 分。

表 1-1-1　任务评价表

序号	评价项目	评分标准	分值	得分
1	识别欧米轮和麦克纳姆轮	识别错误扣 2 分	2	
2	底盘上机械结构的确定和绘制	铝件长度选错扣 1 分，绘制错误扣 1 分	2	
3	底盘上电机数量的确定和绘制	每遗漏 1 个或超过 1 个扣 1 分，绘制错误扣 1 分	2	
4	底盘上轮系间角度的确定	轮系间角度为 60°，正确得 1 分，不正确不得分	1	
5	底盘上超声波传感器和巡线传感器的绘制	全部正确得 2 分，错 1 个扣 1 分，错 2 个不得分	2	
6	绘图中连接线符合行业标准	全部正确得 1 分，错 1 个扣 0.5 分，错 2 个不得分	1	

想一想

如何保证轮系间角度为 60°且无偏差？

查一查

尝试查找连接线的行业标准。

2. 对任务评价表中的失分项目进行分析，并写出错误原因。

_____

_____

_____

_____

_____

 **拓展学习**

常见的移动机器人底盘

移动机器人有各种各样的底盘，包括两轮的、三轮的、四轮的。比如无人车是四轮的阿克曼模型，一般的 AGV 是两轮差速模型（部分 AGV 是四轮滑移底盘），还有三轮全向轮底盘、四轮全向轮底盘。

1. 两轮差速底盘（Differential Drive Robot）

两个驱动轮位于左右两侧，同时配有一到两个辅助支撑的万向轮。

驱动轮可独立控制速度，通过给定不同速度实现底盘转向控制，如图1-1-9 所示。

想—想

两轮差速底盘可实现哪些方向的移动？

图 1-1-9　两轮差速底盘

2. 三轮全向轮底盘（Three-wheel Omnidirectional Wheel Robot）

三个全向轮分别相隔 120°，可全方位移动。本书采用的底盘就是这种结构，如图 1-1-10 所示。

图 1-1-10　三轮全向轮底盘

3. 四轮全向轮底盘（Four-wheel Omnidirectional Wheel Robot）

相邻两个轮子互相垂直，呈十字形摆放时刚好是一个十字坐标系，不过为了提升轴向的性能，一般呈 X 形摆放，如图 1-1-11 所示。

图 1-1-11　四轮全向轮底盘

4. 四轮麦克纳姆轮底盘（Four-wheeled Mecanum Wheel Robot）

四个轮子平直放置，凭借麦克纳姆轮自身的特点，实现全向运行，如图 1-1-12 所示。

想一想

除了轮式，移动机器人底盘还有什么类型？它们分别适用于什么地形？

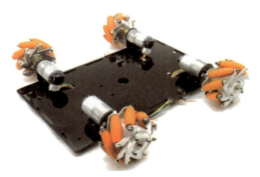

图 1-1-12　四轮麦克纳姆轮底盘

 **思考与练习**

1. 平坦的道路上宜采用哪种移动机构（底盘）？为什么？

2. 为实现机器人的全向运动，其底盘应采用什么轮系，轮子应如何分布？

3. 技能训练：画出铝件长 300 mm、宽 20 mm 的欧米轮三角形底盘图，并标注尺寸。

4. 技能训练：在底盘上绘制任务中所需的各个构件，按世赛要求详细地描述标注，连接须符合行业标准。

任务 2 目标管理系统设计

 学习目标

1. 能根据小球抓放要求绘制抓放球机构。
2. 能根据升降转运零件架和抓放球要求绘制升降机构。
3. 能根据需要转运零件架要求绘制叉架机构。
4. 能根据项目要求绘制伸缩机构。
5. 能理解目标管理系统的要求，通过规范、准确地绘制图纸与文档，养成记录工程日志的良好习惯，形成规范意识，培养严谨细致、精益求精的工匠精神。

 情景任务

在上一任务中已完成移动底盘的设计。由于该机器人还要执行扫描二维码、抓放球、取放零件架等任务，因此必须在其底盘上方设计一个目标管理系统（OMS），以实现上述功能。

 思路与方法

一、目标管理系统由哪些要素组成？

目标管理系统由抓放球机构、升降机构、叉架机构、伸缩机构组成。抓放球机构抓取小球并将小球放置到零件架上，升降机构带动抓放球机构和叉架机构上升下降，叉架机构实现叉放零件架，伸缩机构

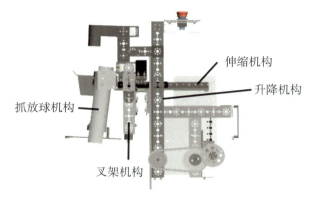

图 1-2-1　目标管理系统示意图

想一想

是否还能通过其他方式实现目标管理系统的各项功能？

带动抓放球机构前后移动。目标管理系统示意图如图 1-2-1 所示。

想一想

除了套筒结构，是否还有其他结构可实现抓放球？

二、抓放球机构有哪些组件和功能？

抓放球机构由 485 舵机（摄像头角度和套筒拉线都由该舵机控制）、套筒、拉线小球组成，如图 1-2-2 所示。由于小球是圆形的，且机器人一次取件须依次抓取多个小球，因此采用手指抓手或吸盘抓手效果欠佳，设计成套筒结构最优，即通过套筒下扣的形式来抓取小球。

图 1-2-2 抓放球机构

想一想

如何操作才能实现抓放球机构的抓放？

三、如何实现抓放球机构的抓放？

抓放球机构通过向下运动扣球，将小球卡在扣球装置中，从而实现球体的抓取；通过 485 舵机带动拉线小球，使套筒扩张，松开扣球装置，从而实现球体的放置。

四、升降机构有哪些组件和功能？

升降机构由舵机、链条传送机构、皮带、导轨组成，如图 1-2-3 所示。升降机构带动抓放球机构上升下降，可完成扣球和放球的任务。

升降机构带动叉架机构上升下降，可完成将零件架放置到不同高度工作台的任务。不同高度的工作台如图 1-2-4 所示。

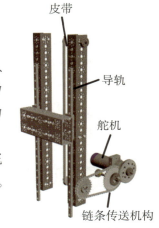

图 1-2-3 升降机构

图 1-2-4 不同高度的工作台（从左到右的高度依次为 76mm、133mm、190mm）

想一想

为什么要采取链轮传动方式？是否还有其他方式？

五、如何实现升降机构的升降？

升降机构的升降是通过舵机带动链条传送机构齿轮啮合，链条传送机构的从动轮带动皮带运动，皮带带动抓放球机构沿导轨上下运动来实现的。抓放球机构被固定在滑块上，由滑块带动其上下运动。

六、叉架机构有哪些组件和功能？

叉架机构是由两根型材组成的 L 形结构，如图 1-2-5 所示。叉架机构位于机器人的前端，可叉取零件架。叉架机构的水平手臂可插入零件架的凹槽中。水平手臂的前后位置分别有挡块，可防止零件架在运输过程中掉落。

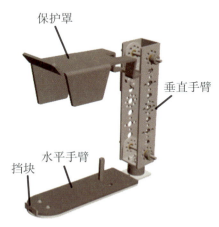

图 1-2-5　叉架机构

七、如何实现叉架机构的叉取？

叉架机构与升降机构通过转接板连接，升降机构带动叉架机构的升降，机器人则带动叉架机构的进退。叉架机构叉取零件架时，机器人须运动到零件架位置，升降机构先将叉架机构降到最低位置，接着机器人前进，将叉架机构插入零件架的凹槽中，然后升降机构升起，将零件架抬起，机器人即可离开。

为增加摩擦力，叉架机构的水平手臂前端表面还粘贴了防滑垫，从而能够更稳定地叉取零件架。

八、伸缩机构有哪些组件和功能？

伸缩机构由舵机、支架、套件内的齿条、直线导轨等组成，如图 1-2-6 所示。伸缩机构可向前或向后滑动，在前后极限位置有限位块。伸缩机构与抓放球机构通过转接板连接，伸缩机构可协助抓放球机构确定球的垂直抓放位置。

九、如何实现伸缩机构的伸缩？

为实现伸缩机构的前后伸缩，需要支架、导轨、与抓放球机构连接

想一想

除了限位块，是否还有其他方式可用于限制叉架机构和伸缩机构的极限位置？

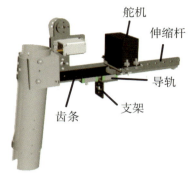

图 1-2-6 伸缩机构

的转接板和驱动模块（即舵机，可提供动力），舵机通过齿轮带动伸缩机构在导轨上前后滑动。

当要抓取目标小球时，伸缩机构伸出至指定位置，升降机构带动抓放球机构下降抓取所需的球后升起。当要放置小球时，伸缩机构缩至零件架上方垂直位置，升降机构下降到合适位置，抓放球机构放球。

十、视觉机构是如何工作的？

为使机器人能够准确地抓取小球并判断出小球的颜色和数量，抓放球机构上方应配置摄像头。

通过 485 舵机控制摄像头的俯仰运动，使摄像头的视角范围达到 0°～180°。当摄像头垂直向下时，可判断套筒是否抓到小球；当摄像头以一定角度抬起时，可对二维码进行识别。视觉机构如图 1-2-7 所示。

图 1-2-7 视觉机构

活动

根据以上思路和方法，结合小球的尺寸要求，现进行具体的目标管理系统设计活动。

图 1-2-8 塑料套筒图

活动一：绘制抓放球机构

1. 测量实物（误差在 ±1 mm 内），并进行等比例绘图。使用专业绘图软件绘制抓放球机构的上半部分透明塑料套筒，注意套筒的长度为 300 mm，直径为 50 mm，如图 1-2-8 所示。

2. 绘制半个铝件套筒，并预留活动插销空间，在套筒下方绘制伸出侧板，注意套筒的长度为 80 mm，直径为 55 mm，如图 1-2-9 所示。

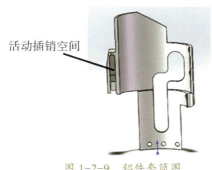

图 1-2-9　铝件套筒图

活动插销空间

3. 绘制另外半个铝件套筒,使两个铝件套筒组成一个筒形,如图 1-2-10 所示。

图 1-2-10　铝件套筒完整图

想一想

为什么铝件套筒要紧贴在塑料套筒外侧?

> **注意事项**
>
> 　　两个铝件套筒应紧贴在塑料套筒外侧,严格地组成一个筒形。

4. 在抓放球机构上方绘制摄像头支架和拉线球。摄像头支架仰起时,拉线球上移,活动插销空间横向增大,铝件套筒被撑开,直径变大,可抓取小球。抓放球机构最终成型图如图 1-2-11 所示。

图 1-2-11　抓放球机构图

活动二：绘制升降机构

1. 测量实物(误差在 ±1 mm 内),并进行等比例绘图。先绘制两根长 360 mm、宽 30 mm、高 30 mm 的 U 形铝件,再在铝件上绘制导轨,注意导轨应安装在铝件顶面,如图 1-2-12 所示。

型材

导轨

图 1-2-12　升降机构的导轨

试一试

请在绘图软件中根据活动步骤绘制升降机构。

想—想

绘图时要遵守哪些行业标准？

　　2. 绘制与两根铝件垂直的横梁结构，此横梁与皮带连接，在皮带的带动下运动，如图1-2-13所示。

　　3. 绘制舵机和链条传送机构，注意根据减速比选择合适直径的轴承。升降机构最终成型图如图1-2-14所示。

图1-2-13　升降机构的横梁　　　　图1-2-14　升降机构图

想—想

为防止物品从叉架机构上掉落，应如何设计？

活动三：绘制叉架机构

　　1. 测量实物（误差在±1 mm内），并进行等比例绘图。绘制固定在升降机构上的L形叉架臂，注意叉架臂的角度可根据机器人前方的障碍物自适应调节，如图1-2-15所示。

图1-2-15　两个角度的L形叉架臂

　　2. 绘制叉架机构上的保护罩，此保护罩可活动，主要用于防止零件架上的零件在搬运过程中掉落，如图1-2-16所示。

图1-2-16　两个角度的叉架机构保护罩

活动四：绘制伸缩机构

1. 测量实物（误差在 ±1 mm 内），并进行等比例绘图。绘制伸缩杆，伸缩杆侧面有齿条，下方有滑槽，滑槽嵌在升降机构横梁上的导轨上，如图 1-2-17 所示。

图 1-2-17　伸缩机构的伸缩杆

想—想

如何实现伸缩杆的运动限位？

2. 绘制舵机和齿轮，舵机安装在升降机构的横梁上，与齿轮相连接，齿轮与伸缩杆侧面的齿条相互啮合，如图 1-2-18 所示。

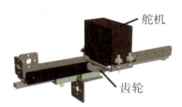

图 1-2-18　伸缩机构的舵机

3. 舵机带动齿轮正转和反转，实现伸缩杆前后伸缩。

活动五：绘制视觉机构

1. 测量实物（误差在 ±1 mm 内），并进行等比例绘图。在抓放球机构上方绘制摄像头支架，如图 1-2-19 所示。

想—想

视觉机构主要有哪些功能？

图 1-2-19　摄像头支架

2. 在摄像头支架旁绘制舵机，舵机控制摄像头支架的俯仰运动，如图 1-2-20 所示。

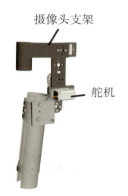

图 1-2-20　摄像头的舵机

3. 当摄像头垂直向下时，可判断是否抓到小球，以及是否抓得准确，如图 1-2-21 所示。

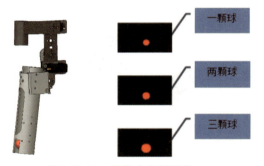

图 1-2-21　摄像头拍摄图像

4. 当摄像头以一定角度抬起时，可对小球的颜色进行识别，如图 1-2-22 所示。

图 1-2-22　摄像头识别小球颜色

总结评价

1. 依据世界技能大赛相关评分细则，本任务的评分标准详见右页表，总分为 10 分。

表 1-2-1 任务评价表

序号	评价项目	评分标准	分值	得分
1	绘制抓放球机构示意图	能看懂抓放球机构框图，画出抓放球机构示意图，画错不得分	2	
2	绘制升降机构示意图	能看懂升降机构框图，画出升降机构示意图，画错不得分	2	
3	绘制叉架机构示意图	能看懂叉架机构框图，画出叉架机构示意图，画错不得分	2	
4	绘制伸缩机构示意图	能看懂伸缩机构框图，画出伸缩机构示意图，画错不得分	2	
5	绘制视觉机构示意图	能看懂视觉机构框图，画出视觉机构示意图，画错不得分	2	

2. 对任务评价表中的失分项目进行分析，并写出错误原因。

_____

_____

_____

_____

机器人的搬运机构

机械手手部即直接与工件接触的部分，一般有回转和平移两种，前者因结构简单比较常见。

手部结构根据不同的结构分为外抓式和内抓式，也可采用负压式（真空式）的空气吸盘或电磁吸盘，如图 1-2-23 所示。空气吸盘主要用于表面光滑、可吸附的零件或薄板类零件。

图 1-2-23 吸盘

腕部是连接手部和手臂的部件，可调节被抓物体的方位，扩大机械手的动作范围，使其变得更灵巧，适应性更强。手腕有独立的自由度，可回转运动、上下摆动和左右摆动。

查一查

从各个方面检查一下你画的图是否表达清楚了。

想一想

手部结构可设计为外抓式或内抓式，应如何设计？

想一想

常见的机械手一般具有几个自由度？它们分别可实现什么功能？

图 1-2-24　多关节机械臂

　　手臂是机械手的重要组成部件，其作用是支撑腕部和手部（包括工件或夹具），并带动它们做空间运动。手臂可把手部送到空间运动范围内任意一点。一般来说，手臂必须具有三个自由度，才能满足基本要求，即手臂的伸缩、左右旋转、升降（或俯仰）运动。多关节机械臂如图 1-2-24 所示。

 思考与练习

　　1. 请分析目标管理系统如何实现其策略功能。

　　2. 如果机器人要抓取一个长方体纸盒，抓手机构应如何设计？

　　3. 机器人在上坡和下坡时应注意什么？

　　4. 技能训练：尝试设计另一种形式的抓手来实现抓放球。

任务 3　移动机器人电气配置

 学习目标

1. 能绘制底盘运动控制电气原理图。
2. 能绘制摄像头角度调节控制电气原理图。
3. 能绘制伸缩机构控制电气原理图。
4. 能绘制升降机构控制电气原理图。
5. 能严格遵守操作规范，养成按行业标准规范绘制电气图的良好习惯，准确、及时地记录工程日志。

 **情景任务**

完成移动底盘和目标管理系统的设计后，必须对机器人进行电气配置，以实现运动轨迹规划、传感器测距和防撞等功能。只有将底盘驱动电机、底盘传感器与 myRIO 控制器正确连接，将目标管理系统中的限位开关、舵机与 myRIO 控制器正确连接，myRIO 控制器、电机与驱动板、各传感器、各电机才能正常供电，机器人才能正常工作。

 **思路与方法**

机器人控制以 myRIO 控制器为核心，环境感知与姿态判断通过红外传感器（以下简称"红外"）、超声波传感器（以下简称"超声波"）、灰度传感器（巡线传感器、QTI）、姿态传感器（陀螺仪）等实现，套件中提供的直流电机和伺服电机为机器人提供动力。

一、移动机器人应配置哪些电气器件？

为完成任务，应配置 myRIO 控制器、MXP-MD2 驱动板、底盘电机、舵机、超声波、红外、QTI、升降机构限位开关和陀螺仪检测装置。

想一想

每个电气器件分别具有什么功能？为什么需要这些器件？

想一想

myRIO 控制器的主要功能与特点是什么？

二、控制器的功能是什么？如何选择控制器？

控制器是机器人的大脑，主要用于控制底盘电机的运动、升降机构的升降、伸缩机构的伸缩，以及摄像头支架的俯仰。控制器要与驱动板连接。

机器人控制系统应有记忆功能，可存储作业顺序、运动路径、运动方式、运动速度等与生产工艺有关的信息；有与外围设备联系功能，比如输入和输出接口、通信接口、网络接口；有人机交互接口，比如遥控器、示教盒、操作面板；有传感器接口，比如位置检测传感器、视觉传感器；有位置伺服控制功能，比如运动控制、速度和加速度控制、动态补偿。

myRIO 控制器是针对教学和学生创新应用推出的嵌入式系统开发平台，是一个可重复配置、重复使用的教学工具，具有易上手、编程开发简单、装载资源丰富、安全性好、方便携带等特点，也是第 43 届、第 44 届、第 45 届世界技能大赛官方指定的移动机器人控制器。

三、舵机和电机的功能是什么？如何选择舵机和电机？

舵机是一种位置（角度）伺服的驱动器，适用于需要不断改变且可保持角度的控制系统。

舵机是电机中的一种，将 PWM 信号与滑动变阻器的电压相比对，通过硬件电路实现位置控制。它包含电机、传感器和控制器，是一个完整的伺服电机（系统），价格低廉，结构紧凑。

想一想

伺服电机由伺服驱动器控制，伺服驱动的作用是什么？

底盘电机是伺服电机，靠伺服控制电路控制电机转速，靠传感器检测转动位置，所以位置控制十分精确，转速也是可变的。

综合考虑功率、编码器、力矩要求，底盘电机可选择带编码器的 12V 直流减速电机，摄像头和抓放球机构舵机可选择 485 舵机，升降机构舵机可选择直流电机，伸缩机构舵机可选择 785 舵机。控制器通过驱动板控制不同的舵机，分别实现机器人底盘的运动、升降机构的升降、抓放球机构的抓放、伸缩机构的伸缩、摄像头的俯仰。

四、如何保证机器人直线行走且不与周围物体发生碰撞？

为保证机器人按照轨迹运动时直线行走，且不与周围物体发生碰撞，需要安装 2 路超声波和 2 路红外。超声波主要用于测量机器人与墙壁的距离，保证其与墙壁保持平行。红外主要用于调整机器人的姿态，保证其行走路线不出现偏移。

五、如何实现机器人升降机构的电气控制？

机器人升降机构舵机为带编码器的电机。机器人升降机构总行程为360 mm，上端采用一个限位开关进行行程终端限位，下端采用固定螺母进行限位。机器人升降机构可通过电机控制沿导轨上下运动。在升降机构上安装叉架机构后，机器人可准确地运送零件架到指定高度的工作台上。

六、如何实现机器人控制器的整体电气原理图？

机器人应具备 myRIO 控制器、MXP-MD2 驱动板、2 路超声波、2 路红外、4 路 QTI、升降机构限位开关和陀螺仪检测装置。

myRIO 控制器通过两块 MXP-MD2 驱动板控制三个底盘电机和升降机构舵机的驱动。伸缩机构舵机可调整抓球套筒的水平位置，以便抓取小球。抓放球机构通过放球舵机控制与拨片相连的绳子（收起或放下）。摄像头具有旋转、补光功能，通过 USB 直接连接在 myRIO 控制器上。在机器人上安装指示灯，通过指示灯的亮、灭表示机器人当前的工作状态。机器人整体电气拓扑图如图 1-3-1 所示。

试一试

请根据整体电气原理图正确接线。

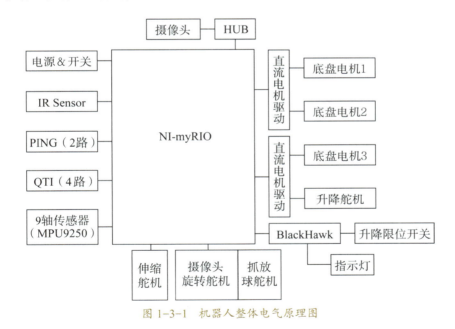

图 1-3-1　机器人整体电气原理图

 活动

根据以上思路和方法，结合选定的电机和电气器件，现进行具体的电气原理图绘制活动。

1. 使用专业绘图软件绘制机器人底盘运动控制电气原理图，电路图中要标出 IO 端口、直流电机，如图 1-3-2 所示。

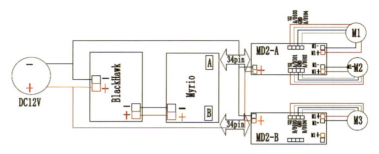

图 1-3-2　机器人底盘运动控制电气原理图

说一说

各端口分配的作用分别是什么？

请根据上述机器人底盘运动控制电气原理图识别 myRIO 控制器上与每个底盘电机连接的 IO 端口，并填入下表。

表 1-3-1　myRIO-M1、M2、M3 电机的 IO 端口分配表

序号	电机	IO 端口分配
1	M1	A/DIO3、A/DIO4
2	M2	
3	M3	

想一想

BlackHawk 的主要作用是什么？

2. 使用专业绘图软件绘制机器人摄像头角度调节控制电气原理图，电路图中要标出 IO 端口、485 舵机，如图 1-3-3 所示。注意机器人的摄像头角度调节通过 485 舵机来控制。

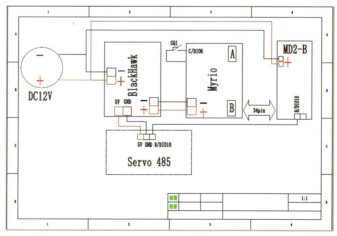

图 1-3-3　机器人摄像头角度调节控制电气原理图

请根据上述机器人摄像头角度调节控制电气原理图识别 myRIO 控制器上与 485 舵机连接的 IO 端口，并填入下表。

表 1-3-2　myRIO-485 舵机的 IO 端口分配表

舵机	IO 端口分配
485	

3. 使用专业绘图软件绘制机器人伸缩机构控制电气原理图，电路图中要标出 IO 端口、785 舵机，如图 1-3-4 所示。注意机器人的伸缩机构通过 785 舵机来控制。

想一想

785 舵机的主要作用是什么？

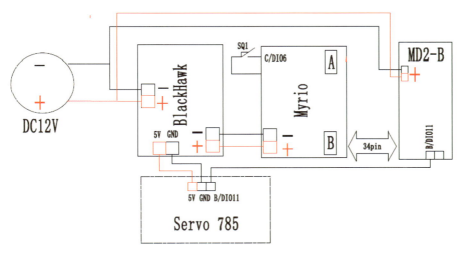

图 1-3-4　机器人伸缩机构控制电气原理图

请根据上述机器人伸缩机构控制电气原理图识别 myRIO 控制器上与 785 舵机连接的 IO 端口，并填入下表。

说一说

785 舵机的 IO 端口分配原理是什么？

表 1-3-3　myRIO-785 舵机的 IO 端口分配表

舵机	IO 端口分配
785	

4. 使用专业绘图软件绘制机器人升降机构控制电气原理图，电路图中要标出 IO 端口、直流电机，如图 1-3-5 所示。注意机器人的升降机构通过带编码器的电机来控制。

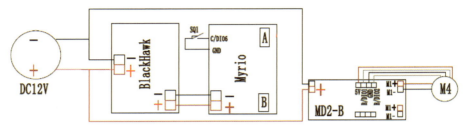

图 1-3-5　机器人升降机构控制电气原理图

想一想

升降机构舵机
是通过什么由
myRIO 控制
的？

请根据上述机器人升降机构控制电气原理图识别 myRIO 控制器上与 M4 电机连接的 IO 端口，并填入下表。

表 1-3-4　myRIO-M4 电机的 IO 端口分配表

电机	IO 端口分配
M4	

 **总结评价**

1. 依据世界技能大赛相关评分细则，本任务的评分标准详见下表，总分为 10 分。

表 1-3-5　任务评价表

序号	评价项目	评分标准	分值	得分
1	绘制机器人底盘运动控制电气原理图	框图清晰，电源接线端、信号线端标注准确，能看清直流电机	2	
2	绘制摄像头角度调节控制电气原理图	框图清晰，电源接线端、信号线端标注准确，能看清 485 舵机	2	
3	绘制伸缩机构控制电气原理图	框图清晰，电源接线端、信号线端标注准确，能看清 785 舵机	2	
4	绘制升降机构控制电气原理图	框图清晰，电源接线端、信号线端标注准确，能看清直流电机	2	
5	绘制启动按键、指示灯与 myRIO 的连接图	框图清晰，电源接线端、信号线端标注准确，电路连接准确无误	2	

2. 对任务评价表中的失分项目进行分析，并写出错误原因。

_____

_____

_____

_____

机器人减速机的分类

有些同学可能会有疑问：为什么要在机器人控制中加减速机？为什么不直接通过控制电机来控制机器人的关节运动？机器人的动力源一般为交流伺服电机，它由脉冲信号驱动，本身就可实现调速，再加减速机是不是有点多余呢？

这是因为机器人需要大扭矩。在功率相同的情况下，转速与扭矩成反比，减速机降低了转速，扭矩自然就增大了。首先，我们要明确机器人的实际工况和需求，具体如下：

第一，机器人的关节要撑住后端机构因重力产生的扭矩。

第二，机器人关节转速不高。由于机器人关节角速度很低，且电机在极低的速度下既无法平稳地转动，也不容易控制，因此需要通过一个机械结构使电机的转速降至合理水平。

第三，为使机器人能够在生产中可靠地完成工序任务，同时确保工艺质量，对机器人的定位精度和重复定位精度要求很高。

为了达到以上要求，我们要从提升扭矩、保证电机转速及控制分辨率和闭环精度三方面入手，而减速机能轻松解决这些问题。

那么，减速机有哪些类型呢？

1. RV 减速机

RV 减速机用于扭矩大的机器人腿部、腰部和肘部三个关节，负载大的机器人的一、二、三轴都采用 RV 减速机。相比谐波减速机，RV 减速机的关键在于加工工艺和装配工艺。RV 减速机具有更高的疲劳强度、刚度和寿命，不像谐波减速机那样随着使用时间的增长，运动精度会显著降低。RV 减速机的缺点是较重，外形尺寸较大。RV 减速机结构如图 1-3-6 所示。

想一想

什么是减速机？它的作用是什么？

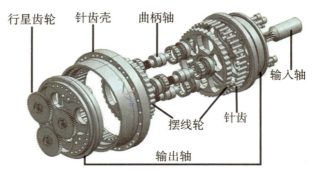

图 1-3-6 RV 减速机结构图

RV 减速机刚性好，抗冲击能力强，传动平稳，精度高，适合中、重载荷的应用。考虑到 RV 减速机要传递很大的扭矩，承受很大的过载冲击，才能达到预期的工作寿命，因此设计上使用了相对复杂的过定位结构，制造工艺和成本控制有较大难度。RV 减速机内部没有弹性形变的受力元件，能够承受一定扭矩。RV 减速机的轴承是其薄弱环节，受力时很容易突破轴承受力极限，导致轴承异常磨损或破裂。这个问题在高速运转时尤为突出，所以 RV 减速机的额定扭矩随输入转速显著下降。

2. 谐波减速机

谐波减速机主要由波发生器、柔性齿轮和刚性齿轮三个基本构件组成，如图 1-3-7 所示。谐波传动是一种靠波发生器使柔性齿轮产生可控弹性变形并与刚性齿轮相啮合来传递运动和动力的齿轮

图 1-3-7 谐波减速机示意图

传动。谐波减速机用于小型机器人，特点是体积小、重量轻、承载能力大、运动精度高、单级传动比大。

想一想

为什么要使用减速机？减速机适用于什么场合？

思考与练习

1. 如果机器人整体没电，电源指示灯不亮，应如何检查线路？

2. 如果电机不转，控制器和传感器都正常，应如何检查线路？

3. 如何测量出正常的电机线圈电阻？

4. 技能训练：画出急停按钮控制电路图，用框图表示急停按钮后面的电路模块。

模块二

移动机器人装配

在模块一中已按要求完成移动机器人的结构设计，现在需要根据设计方案进行装配。移动机器人的装配质量会直接影响其整体性能，正确顺序应是先装配底盘，再装配目标管理系统，最后进行电气接线。

移动机器人整体示意图如图 2-0-1 所示。

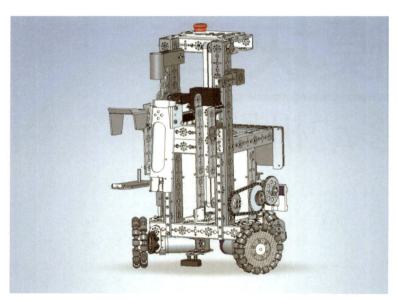

图 2-0-1　移动机器人整体示意图

任务 1　底盘装配

1. 能根据设计图纸装配三角形底盘支架。
2. 能根据设计图纸装配底盘上的电机。
3. 能根据设计图纸装配底盘上的传感器。
4. 能严格按照装配工艺要求和工具使用要求，养成标准化作业的良好习惯，培养严谨细致、精益求精的工匠精神，以及良好的安全操作习惯。

 情景任务

　　在模块一中已完成移动机器人的设计，并绘制出规范的图纸，准确地标注了尺寸与连接线。现在需要根据图纸装配机器人。同理，可先从底盘开始，严格按照标准进行，以实现预设的功能。

 思路与方法

一、底盘装配要对哪些机构进行组装？

　　移动机器人底盘装配所涉及的机构主要包括底盘三角形支架机构、电机支架机构、欧米轮（以下简称"Omni 轮"）、红外传感器机构、超声波传感器机构、灰度传感器机构、控制器安装板等。

二、底盘装配的顺序是什么？

　　先下后上，先主体后附属，即先组装三角形支架，然后组装电机支架，再安装电机和底盘上的各种传感器，最后安装 Omni 轮。具体操作流程如图 2-1-1 所示。

想一想

如果不按这样的顺序装配会怎样？

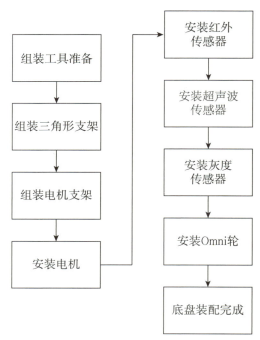

图 2-1-1　底盘装配流程图

三、底盘装配的工艺要求有哪些？

底盘装配时要保证机械部分遵守如下工艺要求：

（1）扎带切割后剩余长度 ≤ 1 mm，以免伤人；

（2）扎带的间距为 50 mm；

（3）所有活动件和工件在运动时不得发生碰撞；

（4）所有系统组件、模块和信号终端必须固定好。

四、选用哪些工具进行装配？

底盘装配时要使用的工具有内六角扳手、十字螺丝刀、一字螺丝刀、钢板尺、记号笔、剪刀。

活动一：组装三角形支架

1. 根据设计要求，取两根 288 铝型材、一片固定底盘上碳板、一片固定底盘下碳板、八颗套件短螺丝、八颗套件螺母。

2. 用内六角扳手把八颗套件短螺丝分别安装在固定底盘碳板和 288 铝型材上，如图 2-1-2 所示。再取八颗套件螺母，分别安装在八颗套件短螺丝下方并固定好。

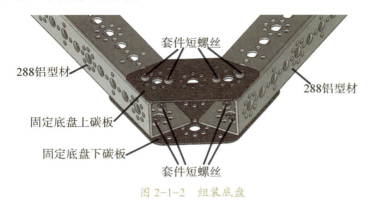

套件短螺丝

288铝型材

288铝型材

固定底盘上碳板

固定底盘下碳板

套件短螺丝

图 2-1-2 组装底盘

想—想

上下底盘碳板可以互换位置吗?

> **注意事项**
>
> 请锁紧螺丝、螺母,使其牢固不松动。

3. 用同样的方法组装三角形支架的另外一边,如图 2-1-3 所示。注意每个连接处不松动,每个内角为 60°。

图 2-1-3 安装完成效果

活动二:组装电机支架并安装电机

1. 取三个轴承座、三个轴承,先把一个轴承安装在一个轴承座的凹槽里,压入时要平衡用力,使轴承无凸起。再用同样的方法安装另外两个轴承,如图 2-1-4 所示。

想—想

如何操作才能平衡用力?

轴承座

轴承

图 2-1-4 安装轴承

2. 取六颗 M4×8 螺丝，把安装好轴承的轴承座固定在底盘下碳板下方，有轴承的一方朝内，如图 2-1-5 所示。

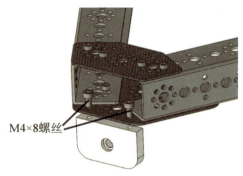

图 2-1-5　安装轴承座

想一想

如何保证电机支架底座与底盘下碳板呈90°？如果不垂直会怎样？

3. 取六颗套件短螺丝、三个电机支架底座，分别用两颗套件短螺丝将一个电机支架底座安装在底盘下碳板下方，使两者呈 90°，如图 2-1-6 所示。

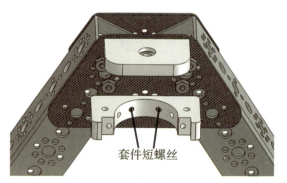

图 2-1-6　安装电机支架底座

4. 取三个直流电机、三个电机座盖、六颗套件长螺丝，先把一个直流电机轴由内往外地完全插入一个轴承，然后装上电机座盖，并用套件长螺丝锁紧，保证电机不松动。用同样的方法安装另外两个直流电机，使电机主轴与三角形支架中线重合，如图 2-1-7 所示。

试一试

请根据活动步骤尝试安装并固定三个直流电机。

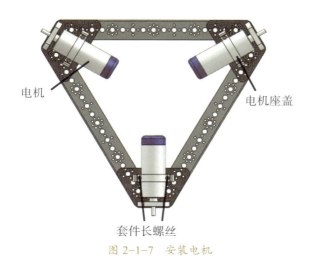

图 2-1-7　安装电机

活动三：安装红外传感器

1. 取两片铝制古塞特 120°、四颗套件长螺丝、四颗套件螺母。

2. 先把铝制古塞特 120° 固定在底盘上碳板上方，然后把四颗套件长螺丝安装在铝制古塞特 120° 上，如图 2-1-8 所示。再取四颗套件螺母，分别锁紧四颗套件长螺丝，保证不松动。

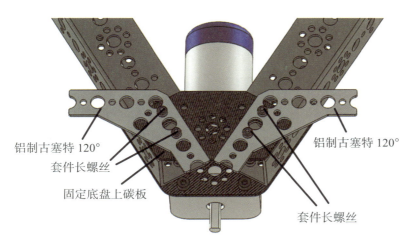

图 2-1-8　安装铝制古塞特

3. 取两个红外模块底座、两个红外模块、四个 M3×6 尼龙垫片、四颗 M3×8 平头螺丝拼装两个红外模块，如图 2-1-9 所示。

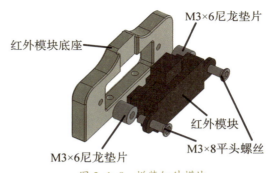

图 2-1-9　拼装红外模块

4. 取一个装配好的红外模块、两颗 M3×8 平头螺丝、一个固定红外角码左、两颗套件短螺丝、两颗套件螺母，先用两颗 M3×8 平头螺丝将红外模块固定在红外角码左上，然后将固定好红外模块的角码左安装于 288 铝型材从左边数起第三个大孔，再用两颗套件螺母和两颗套件短螺丝将角码固定好，如图 2-1-10 所示。

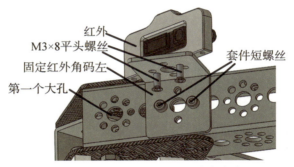

图 2-1-10　将红外模块底座安装在底盘上

5. 取一个装配好的红外模块、两颗 M3×8 平头螺丝、一个固定红外角码右、两颗套件短螺丝、两颗套件螺母，用同样的方法固定好红外角码右，如图 2-1-11 所示。

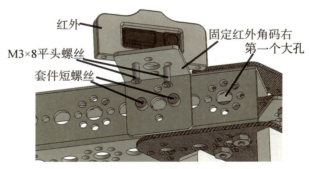

图 2-1-11　将红外模块底座安装在底盘上

注意事项

　　红外模块和之后的超声波模块应呈 90° 夹角。

想一想

安装红外模块时用到了哪些工具？

活动四：安装超声波传感器

1. 取两颗 M2×8 螺丝、一个串口超声波模块、一个串口超声波支架、两个 M3×6 尼龙垫片拼装串口超声波模块，如图 2-1-12 所示。用同样的方法拼装另一个 5 脚超声波模块，力度要均匀，两颗螺丝同时安装，不能先固定一端再固定另一端。可以先把一端拧至半紧，再拧另一端，重复 2~3 次，直至螺丝牢固不松动。

想一想

两颗螺丝的安装应如何操作？

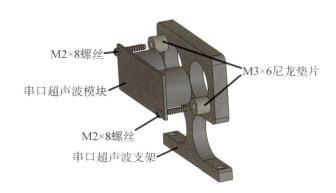

M2×8螺丝
串口超声波模块
M3×6尼龙垫片
M2×8螺丝
串口超声波支架

图 2-1-12 拼装超声波模块

2. 将两个装配好的超声波模块分别安装在平板支架的两端，如图 2-1-13 所示。

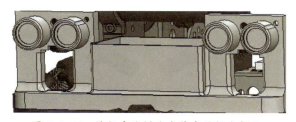

图 2-1-13 将超声波模块安装在平板支架上

3. 将平板支架安装在三角形底盘的后方，如图 2-1-14 所示。

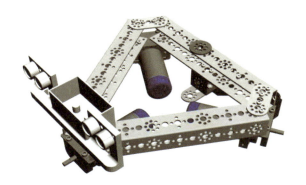

图 2-1-14 将平板支架安装在底盘上

活动五：安装灰度传感器

1. 取七颗套件短螺丝、一片 5 孔连接片、两根 16mm 铝柱、一个 QTI、一个 U 形槽、三颗套件螺母，先用两颗套件短螺丝从下面穿过 QTI 栓到 16 mm 铝柱，然后用两颗套件短螺丝从上面穿过 5 孔连接片栓到 16 mm 铝柱，再用三颗套件短螺丝从上面穿过 U 形槽栓到 5 孔连接片，最后把三颗套件螺母分别安装在三颗套件短螺丝下方并固定好，检查后保证所有螺丝不松动，如图 2-1-15 所示。

想一想

安装灰度传感器的顺序是否可以调整？为什么？

图 2-1-15　安装 QTI 支架

2. 取一个装配好的灰度传感器、两颗套件短螺丝、两颗套件螺母，先用两颗套件短螺丝从上面穿过前端 288 铝型材栓到 U 形槽，然后把两颗套件螺母分别安装在两颗套件短螺丝下方并固定好，如图 2-1-16 所示。

图 2-1-16　安装 QTI

活动六：安装 Omni 轮

试一试

请根据活动步骤尝试安装 Omni 轮。

取三个 Omni 轮，分别安装在电机轴上，如图 2-1-17 所示。注意轮子无须紧贴轴承座，且安装后不能有摩擦。

图 2-1-17　安装 Omni 轮

 **总结评价**

1. 依据世界技能大赛相关评分细则，本任务的评分标准详见下表，总分为 10 分。

想一想

如何做到不遗漏螺丝器件？

表 2-1-1　任务评价表

序号	评价项目	评分标准	分值	得分
1	三角形支架	安装位置正确，不遗漏螺丝器件，安装牢固无松动，每遗漏 1 处扣 0.5 分，每晃动 1 处扣 0.5 分	2	
2	电机支架和电机	安装位置正确，不遗漏螺丝器件，安装牢固无松动，每遗漏 1 处扣 0.5 分，每晃动 1 处扣 0.5 分	2	
3	红外传感器	安装位置正确，不遗漏螺丝器件，安装牢固无松动，每遗漏 1 处扣 0.5 分，每晃动 1 处扣 0.5 分	1	
4	超声波传感器	安装位置正确，不遗漏螺丝器件，安装牢固无松动，每遗漏 1 处扣 0.5 分，每晃动 1 处扣 0.5 分	1	
5	灰度传感器	安装位置正确，不遗漏螺丝器件，安装牢固无松动，每遗漏 1 处扣 0.5 分，每晃动 1 处扣 0.5 分	1	
6	Omni 轮	安装位置正确，不遗漏螺丝器件，安装牢固，轮子旋转不发生摩擦，每遗漏 1 处扣 0.5 分，每晃动 1 处扣 0.5 分，摩擦扣 1 分	3	

2. 对任务评价表中的失分项目进行分析，并写出错误原因。

_____

_____

_____

_____

拓展学习

轴承简介

轴承是在机械传动过程中起固定、旋转和减小载荷摩擦系数作用的部件,也就是说,当其他机件在轴上产生相对运动时,轴承可降低运动力传递过程中的摩擦系数,并保持转轴中心位置固定。

作为当代机械设备中一种举足轻重的零部件,轴承的主要功能是支撑机械旋转体,以降低设备在传动过程中的机械载荷摩擦系数,其精度、性能、寿命和可靠性对主机的精度、性能、寿命和可靠性起着决定性作用。根据运动元件不同的摩擦性质,轴承可分为滚动轴承和滑动轴承两类。

轴承是精密部件,应谨慎使用。即使是高质量的轴承,如果使用不当,也无法达到预期的效果。轴承使用的注意事项如下:

第一,保持轴承及周围环境的清洁。即使是肉眼看不到的微小灰尘,也会对轴承带来不良影响,因此必须保持周围环境的清洁,使灰尘不会侵入轴承。

第二,小心谨慎地使用。强烈的冲击会导致轴承产生伤痕、压痕甚至裂缝,进而诱发事故,因此必须加以注意。

第三,使用轴承专用工具。必须使用专用工具,不可随意替换。

第四,避免轴承生锈。拿放轴承时,手上的汗会导致轴承生锈,应尽量戴手套,小心腐蚀性气体。

想一想

本书中的移动机器人项目用到了几种不同类型的轴承?请一一列举。

🖊 **思考与练习**

1. 底盘装配的顺序可以更改吗?

2. 技能训练:测量电机安装角度,并填写数值;如果不符合要求,请分析原因。

3. 技能训练:测量两个超声波的平行度,并填写数值;如果不符合要求,请分析原因。

任务 2　目标管理系统装配

 学习目标

1. 能根据设计图纸装配控制面板。
2. 能根据设计图纸装配抓放球机构、升降机构。
3. 能根据设计图纸装配叉架机构。
4. 能根据设计图纸装配伸缩机构。
5. 能严格按照装配工艺要求和工具使用要求,养成标准化作业的良好习惯,培养严谨细致、精益求精的工匠精神,以及良好的安全操作习惯。

 情景任务

在上一任务中已完成移动机器人底盘的装配。现在需要装配目标管理系统,以满足设计要求。移动机器人的目标管理系统包括控制面板、抓放球机构、升降机构、叉架机构、伸缩机构等,装配后应自检,保证牢固不松动,以实现预设的功能。

 思路与方法

一、目标管理系统装配的顺序是什么?

先安装升降机构,然后安装伸缩机构,再安装叉架机构,最后安装抓放球机构。具体操作流程如图2-2-1所示。

想一想

为什么要按这样的顺序进行装配?

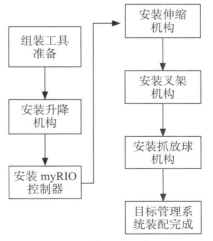

图 2-2-1　目标管理系统装配流程图

试一试

请又快又准地安装齿轮与链条。

二、一个齿轮安装好后先上链条还是先上齿轮？

一般在安装固定好一个齿轮后先上链条，另一个齿轮待调好位置后再固定，这样既迅速又容易。

三、安装摄像头时有什么注意事项？

摄像头的一个重要功能是识别套筒里小球的数量，此时摄像头不可有太多抖动，因此安装时要注意其角度，应检查摄像头向下时是否正对套筒，以及螺丝安装是否出现抖动。

试一试

请按照工艺要求进行机械装配。

四、目标管理系统装配的工艺要求有哪些？

目标管理系统装配时要保证机械部分遵守如下工艺要求：

（1）扎带切割后剩余长度 ≤ 1 mm，以免伤人；

（2）扎带的间距为 50 mm；

（3）所有活动件和工件在运动时不得发生碰撞；

（4）所有系统组件、模块和信号终端必须固定好。

五、选用哪些工具进行装配？

目标管理系统装配时要使用的工具有内六角扳手、十字螺丝刀、一字螺丝刀、钢板尺、记号笔、剪刀。

 活动

活动一：安装升降机构

1. 取两根 U 形铝件和两根导轨进行固定安装。安装后导轨之间要平行，横梁与导轨呈 90°，能沿导轨上下滑动，不卡顿，如图 2-2-2 所示。

图 2-2-2　安装导轨

2. 安装齿轮、传送链条、传送皮带。先固定前齿轮，再上链条，后齿轮暂时先不固定，调好位置后再固定，使传送皮带与前齿轮咬合，用传送链条将前后齿轮连接并固定，即完成升降机构的安装，如图 2-2-3 所示。电机转动通过链条传动至齿轮，齿轮传递到皮带，从而实现横梁的升降。

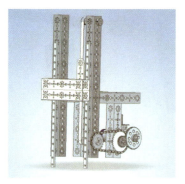

图 2-2-3　安装升降机构

想一想

升 降 机 构 的 齿轮、传送链条、传送皮带的安装顺序是怎样的？

> **注意事项**
>
> 　　抓放球机构通过套件中的型材固定到滑块上，滑块带动抓放球机构上下运动。考虑到整车的配重及升降速度，特采取齿轮加链条的传动方式来完成升降运动。

活动二：安装 myRIO 控制器

1. 根据设计要求，准备 myRIO 控制器、控制器安装背板、U 形铝件。

2. 先将 U 形铝件固定到三角形底盘上形成支架，然后将 myRIO 控制器安装到背板上，再固定到 U 形铝件支架上，即完成 myRIO 控制器的安装，如图 2-2-4 所示。装配后应进行检查，保证 myRIO 控制器不松动。

试一试

请根据活动步骤尝试安装 myRIO 控制器。

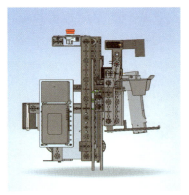

图 2-2-4　安装 myRIO 控制器

活动三：安装伸缩机构

1. 根据设计要求，准备舵机、两件非标件、套件内的齿条、直线导轨，如图 2-2-5 所示。

图 2-2-5　伸缩机构器件

2. 将导轨安装在支架上，使齿条能在导轨中前后伸缩。导轨和齿条各装一个 L 形支架，导轨的 L 形支架用于固定导轨，齿条的 L 形支架用于固定抓放球机构，如图 2-2-6 所示。

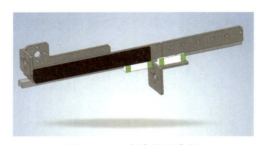

图 2-2-6　安装伸缩导轨

当要抓取目标小球时，伸缩机构伸出至指定位置，升降机构带动抓放球机构下降抓取所需的小球，随后伸缩机构收缩至满足零件架放置的位置。收缩的位置恰好可以顶住零件架，保证零件架稳定搬运。装配后应进行测试，保证伸缩导轨伸缩顺畅，不能有阻挡。

3. 舵机要与导轨齿条呈 90°，舵机齿轮与齿条正常啮合，即完成伸缩机构的安装，如图 2-2-7 所示。

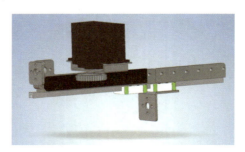

图 2-2-7　安装伸缩机构

活动四：安装叉架机构

1. 根据设计要求，用螺钉把水平手臂固定在垂直手臂上，然后将保护罩安装固定在垂直手臂上，如图 2-2-8 所示。

图 2-2-8 组装叉架臂

2. 用 L 形支架将叉架臂连接至升降机构，并固定在其横梁上，即完成叉架机构的安装，如图 2-2-9 所示。装配后应进行测试，保证叉架机构移动自由，不能有阻挡。

想—想

在测试中，如果叉架机构不能自由移动，应如何调整安装位置？

图 2-2-9 安装叉架机构

活动五：安装抓放球机构

1. 根据设计要求，准备舵机、拉线、PC 透明筒、铝件、摄像头、小球。

2. 先将两个半个铝件套筒套在塑料套筒外面，然后用橡皮筋将它们绑在一起，再将拉线小球穿过活动插销空间，向上延伸至摄像头支架位置，如图 2-2-10 所示。

说—说

抓放球机构是如何实现抓球和放球的？

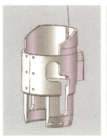  

图 2-2-10 安装抓放球机构

注意事项

　　通过 485 舵机带动拉线打开或关闭铝件，扣球装置巧妙地实现了小球的抓取和放置，里面的小球主要是为了防止放球时被抓的小球弹出。

想一想

如果摄像头移动范围不在 0°～180°，应怎么办？

想一想

摄像头支架的主要作用是什么？

　　3. 通过 485 舵机及套件里的连接件将摄像头组合成摄像头支架，带动摄像头完成抓球与二次判断任务，即完成抓放球机构的安装，如图 2-2-11 所示。装配后应检查摄像头移动范围是否在 0°～180°。

图 2-2-11　安装摄像头

　　移动机器人装配完成后如图 2-2-12 所示。

图 2-2-12　整机视图

总结评价

　　1. 依据世界技能大赛相关评分细则，本任务的评分标准详见右页表，总分为 10 分。

表 2-2-1　任务评价表表

序号	评价项目	评分标准	分值	得分
1	升降机构	安装位置正确，不遗漏螺丝器件，安装牢固，能灵活升降，每遗漏 1 处扣 0.5 分，每晃动 1 处扣 0.5 分，不能升降扣 1 分	2	
2	myRIO 控制器	安装位置正确，不遗漏螺丝器件，安装牢固，每遗漏 1 处扣 0.5 分，每晃动 1 处扣 0.5 分	2	
3	伸缩机构	安装位置正确，不遗漏螺丝器件，安装牢固，能灵活伸缩，每遗漏 1 处扣 0.5 分，每晃动 1 处扣 0.5 分，不能伸缩扣 1 分	2	
4	叉架机构	安装位置正确，不遗漏螺丝器件，安装牢固，取放零件架正常，每遗漏 1 处扣 0.5 分，每晃动 1 处扣 0.5 分，不能取放零件架扣 1 分	2	
5	抓放球机构	安装位置正确，不遗漏螺丝器件，安装牢固，能抓球放球，每遗漏 1 处扣 0.5 分，每晃动 1 处扣 0.5 分，不能抓球放球扣 1 分	2	

想—想

装配工艺标准是什么？如何保证装配质量？

2. 对任务评价表中的失分项目进行分析，并写出错误原因。

_____

拓展学习

螺纹连接装配技术要求

1. 螺纹连接控制预紧

预紧是为了保证一定的拧紧力矩。螺纹连接控制预紧对预紧力无严格要求，通常采用普通扳手、风动扳手、电动扳手，操作者根据自己的经验来判断预紧是否适当。在有规定预紧力的情况下，采用的方法有控制扭矩法、控制螺栓伸长法、控制螺母扭角法。

2. 螺纹连接防松

螺纹连接防松是指有可靠的防松装置，包括：（1）通过附加摩擦力防松，防止摩擦力矩减小和螺母回转，常用的有锁紧螺母（双螺母）防松、弹簧垫圈防松；（2）通过机械方法防松，即利用机械方法使螺母与螺栓或螺钉、螺母与被连接件互相锁牢，以达到防松的目的，常用的有开口销与带槽螺母防松、止动垫圈防松、串连钢丝防松；（3）通过破坏螺纹副的运动关系防松，如冲点、点焊和粘接等。

思考与练习

1. 装配好目标管理系统后要注意调试哪些地方？
2. 技能训练：尝试双人合作，缩短装配时间。
3. 技能训练：更改目标管理系统装配的顺序，缩短装配时间。

任务3　电气接线

1. 能根据设计图纸完成各种传感器的电气接线。
2. 能根据设计图纸完成执行机构的电气接线。
3. 能根据设计图纸完成供电系统的接线。
4. 能严格按照导线制作标准、线号打标等工艺规程，正确使用剥线钳、压线钳等工具。

情景任务

在之前的任务中已完成移动机器人底盘和目标管理系统的装配。现在需要根据电气接线图进行接线，将机器人各种电气器件连接起来，并保证电路能够稳定、可靠、正常地工作。

思路与方法

一、要对移动机器人中的哪些器件进行电气接线？

根据设计方案，要对移动机器人用到的所有电气器件进行接线，包括 myRIO 控制器、MXP-MD2 驱动板、底盘电机、舵机、超声波、红外、灰度传感器、升降机构限位开关、姿态传感器、摄像头、电池组等。

二、移动机器人电气接线的思路是什么？

机器人控制以 myRIO 控制器为核心，环境感知与姿态判断通过 IR、PING、QTI、9 轴传感器等实现，执行单元采用套件中提供的直流电机和伺服电机。

机器人应具备 2 路超声波、2 路红外、4 路 QTI、升降机构限位开关和陀螺仪检测装置。可通过两块 MXP-MD2 驱动板完成三个底盘电机和零件架升降舵机的驱动任务。手臂伸缩舵机可调整抓球套筒的位置，以便抓取高尔夫球，从套筒内放球通过放球舵机控制与拨片相连的绳子的

说一说

这些电气器件在移动机器人中的作用分别是什么？

想一想

移动机器人共有多少个电气器件？

开合来实现。摄像头具有旋转、补光功能，通过 USB 直接连接在 myRIO 控制器上。在机器人上安装指示灯，可通过指示灯的亮、灭状态判断机器人的工作状态。机器人整体电气接线图如图 2-3-1 所示。

试一试

请在电气接线图上标注一下连线的序号。

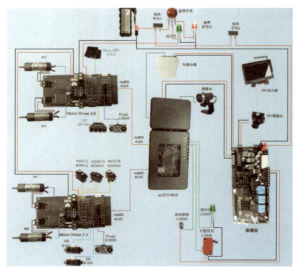

图 2-3-1　移动机器人整体电气接线图

想一想

对照移动机器人整体电气接线图，是否还有其他连接流程？

具体操作流程如图 2-3-2 所示。

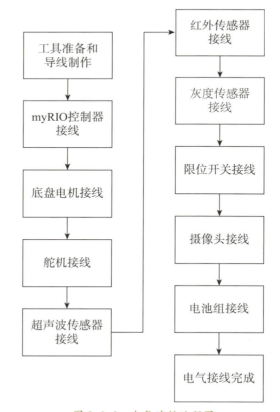

图 2-3-2　电气连接流程图

活动

先根据模块一的设计要求和世赛官方套件，按照常规工艺要求制作连接导线，具体步骤不再赘述。然后按照整体电气接线图 2-3-1，以 MXP-MD2 驱动板为连接中心，对移动机器人进行电气接线。

1. 对 myRIO 控制器的电源线、USB 线、网线、排线、信号线等以插接方式进行接线，如图 2-3-3 所示。

图 2-3-3　myRIO 控制器接线

2. 对底盘电机以插接方式进行接线，保证插接头处不松动、不虚插，如图 2-3-4 所示。

图 2-3-4　底盘电机接线

想—想

进行电气接线时应注意哪些安全事项？

想—想

底盘电机的插接方式和要求是什么？

3. 对舵机以插接方式进行接线，保证插接头处不松动、不虚插，如图 2-3-5 所示。

图 2-3-5 舵机接线

4. 对超声波传感器以插接方式进行接线，保证插接头处不松动、不虚插，如图 2-3-6 所示。

图 2-3-6 超声波传感器接线

5. 对红外传感器以插接方式进行接线，保证插接头处不松动、不虚插，如图 2-3-7 所示。

图 2-3-7 红外传感器接线

6. 对灰度传感器以插接方式进行接线，保证插接头处不松动、不虚插，如图 2-3-8 所示。

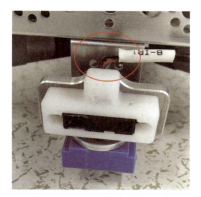

图 2-3-8 灰度传感器接线

想—想

超声波、红外、灰度传感器的插接方式有什么不同？要求是什么？

7. 对限位开关以插接方式进行接线，保证插接头处不松动、不虚插，如图 2-3-9 所示。

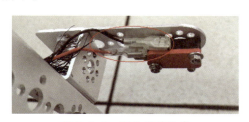

图 2-3-9 限位开关接线

想—想

限位开关是由什么控制的？

8. 对摄像头以插接方式进行接线，保证插接头处不松动、不虚插，如图 2-3-10 所示。

图 2-3-10 摄像头接线

9. 对电池组以插接方式进行接线，如图 2-3-11 所示。

想—想

电池组接线有什么特殊的要求？

图 2-3-11 电池组接线

 总结评价

1. 依据世界技能大赛相关评分细则，本任务的评分标准详见下表，总分为 10 分。

表 2-3-1 任务评价表

序号	评价项目	评分标准	分值	得分
1	整体线路连接	连接正确，无遗漏，每遗漏 1 处扣 0.5 分	3	
2	通电初测	电源指示灯亮，myRIO 控制器电源灯亮，电机驱动板亮，每遗漏 1 处扣 1 分	3	
3	导线端子头按标准压制，每根导线套有相应号码管	每遗漏 1 处扣 0.5 分	2	
4	导线绑扎	每遗漏 1 处扣 0.5 分	2	

想—想

导线端子头与号码管标识的要求是什么？

2. 对任务评价表中的失分项目进行分析，并写出错误原因。

_____

_____

_____

 拓展学习

一、电机驱动基本知识

电机驱动包括驱动器和电机，是利用各种电机产生的力或力矩，直接或经过减速机构驱动机器人的关节，以获得所要求的位置、速度和加速度的驱动方法。

电机驱动首先要解决的问题是让电机根据要求转动，一般可由专门的控制卡和控制芯片对电机进行控制，也就是说，将微控制器和控制卡连接起来，就可以用程序控制电机。其次要解决的问题是控制电机的速度，这主要表现在机器人或手臂的实际运动速度上。机器人运动的快慢全靠电机的转速，因此需要使用控制卡对电机的速度进行控制，如图 2-3-12 所示。

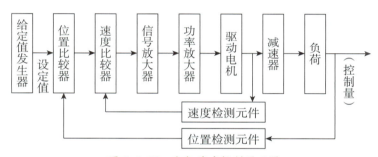

图 2-3-12 电机速度控制原理图

为保证生产效率和加工质量，电机控制不仅要有较高的定位精度，还要有良好的快速响应特性，即对指令信号的响应要快，因为系统在启动、制动时，要求加、减加速度足够大，缩短过渡时间，减小轮廓过渡误差。

二、常见电气接线工艺要求（见下表）

表 2-3-2 常见电气接线工艺要求

序号	描述	合格	不合格
1	冷压端子处不能看到外露的裸线		

（续表）

练一练

请完成 0.5 mm² 导线的制作。

序号	描述	合格	不合格
2	将冷压端子插到终端模块中		
3	所有螺钉终端处接入的线缆必须使用正确尺寸的绝缘冷压端子		
4	须剥掉线槽里线缆的外部绝缘层		
5	不得损坏线缆绝缘层，且裸线不得外露		

 思考与练习

1. 如果电机驱动器有电，myRIO 控制器有电，应如何检查线路？

2. 技能训练：测量机器人正常工作时电源的电压。

3. 技能训练：如果电源指示灯不亮，电机驱动板和 myRIO 控制器都没电，应如何排查故障？

模块三

移动机器人底盘系统功能实现

在模块二中已按要求完成移动机器人的装配，现在需要进行相关的程序设计，实现移动机器人底盘系统功能，使其能够按照要求直线行走、巡线行走、判断距离、自动避障、控制行走速度等。

移动机器人底盘示意图如图 3-0-1 所示。

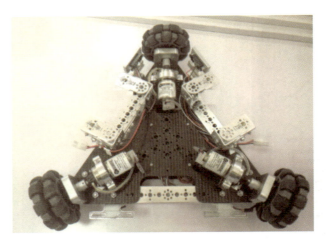

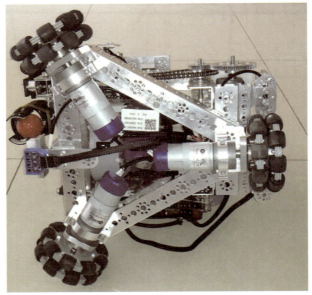

图 3-0-1　移动机器人底盘示意图

任务 1　超声波传感器功能实现

 学习目标

1. 能对超声波传感器进行灵敏度调整。
2. 能编写超声波测距程序。
3. 能使用超声波传感器进行测距。
4. 能在操作中严格遵守安全文明规程，养成良好的编程习惯。

 情景任务

　　在模块二中已完成移动机器人的装配。现在需要对移动机器人底盘上的超声波传感器进行编程，使机器人能够通过超声波传感器判断前方障碍物的准确距离，测量误差控制在 1 cm 内。

 思路与方法

一、超声波传感器的特点和工作原理是什么？

　　超声波传感器在移动机器人的应用中起重要作用，相当于机器人的眼睛，其灵敏度直接关系着机器人的灵活性和准确性。

　　超声波传感器是将超声波信号转换成其他能量信号（通常是电信号）的传感器，具有频率高、波长短、绕射现象小，特别是方向性好、能够成为射线定向传播等特点。超声波对液体、固体的穿透本领很大，尤其是在不透明的固体中。超声波碰到杂质或分界面时会产生显著反射形成反射回波，碰到活动物体时会产生多普勒效应。其工作原理示意图如图 3-1-1 所示。

查一查

尝试查找超声波传感器的种类与特点。

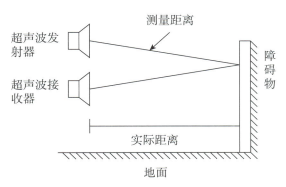

图 3-1-1　超声波传感器工作原理示意图

超声波传感器可广泛应用于物位（液位）监测、机器人防撞、各种超声波接近开关，以及防盗报警等相关领域，稳定可靠，安装方便，发射夹角较小，灵敏度高。

本任务选用 HY-SRF05 超声波传感器模块，如图 3-1-2 所示。该模块的检测距离范围为 2～450 cm，精度在 3 mm 内。

图 3-1-2　HY-SRF05 超声波传感器模块

二、超声波传感器的测距原理是什么？

使用超声波传感器时，由控制设备先从一个控制口发射一个 10μs 以上的高电平 TTL 脉冲信号进行触发，超声波传感器接收到触发信号后，会自动发射 8 个 40kHz 的测量脉冲，并自动切换为检测模式。超声波与物体接触后，超声波传感器的接收端会对返回的脉冲进行接收捕获。若有信号返回，超声波传感器的输出引脚会输出一个高电平信号，该高电平信号的持续时间就是超声波从发射到返回的时间。将输出的高电平信号持续时间利用声波的传播原理进行转换，即可计算出测量距离，如图 3-1-3 所示。

换算公式：测量距离 $=340\ t/2$，单位为 m。t 指回响电平输出时间。

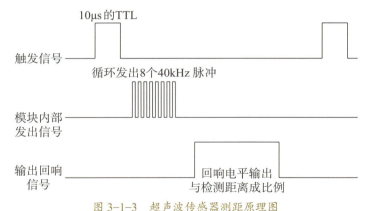

图 3-1-3　超声波传感器测距原理图

三、超声波传感器测距程序的编写流程是什么？

要想使移动机器人读取超声波传感器数据，需要引用 LabVIEW 中的超声波模块范例，用范例提供的底层代码辅助进行程序编写，通过

FPGA 编程进行超声波传感器引脚 I/O 配置，并将配置文件保存到工程目录中。

超声波传感器底层驱动程序的主要流程如图 3-1-4 所示：

（1）使能控制端口输出至少 10 us 的高电平，再置低；

（2）使能输出功能，进行读取操作，测量引脚高电平脉冲持续时间，并判断时间是否超过超声波测量时间最大量程，输出超时布尔值；

（3）进行距离换算；

（4）输出测量距离值和超时布尔量。

想—想

为什么超声波传感器的控制端口要输出高电平？

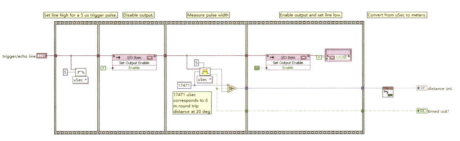

图 3-1-4　超声波底层驱动程序

可根据具体使用的超声波模块数据手册来确定流程，大部分超声波模块的编写均按上述步骤进行。

配置完成 FPGA 文件后，只需在项目中引用该配置文件对超声波测距程序进行设计，即可实现超声波传感器数据的读取。FPGA 超声波测距流程如图 3-1-5 所示。

想—想

编写超声波程序时，为什么要在 FPGA 中进行配置？

图 3-1-5　FPGA 超声波测距流程图

活动一：超声波测距基本程序编写

1. 创建 myRIO 的 FPGA 项目。myRIO FPGA 项目的创建和 myRIO 项目基本一样，在第二步选择 FPGA 模板即可，如图 3-1-6、图 3-1-7 所示。

图 3-1-6　打开 LabVIEW 软件

图 3-1-7　新建 FPGA 项目

想一想

FPGA 项目的命名有什么要求?

创建完 FPGA 项目后的项目浏览器如图 3-1-8 所示。

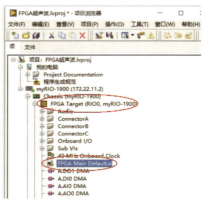

图 3-1-8　项目浏览器

注意事项

　　FPGA 项目与 myRIO 项目不太相同，可在 FPGA Target 右键点击“新建 VI”进行 FPGA 编程。本项目可直接在 RT Main 上编程。

2. 打开 FPGA Main Default.vi，把软件中自带的超声波模块范例导入该程序。可先在 NI 范例查找器中搜索 Parallax PING)))（FPGA）.lvproj 得到范例，如图 3-1-9 所示。

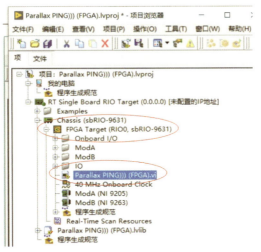

图 3-1-9　范例程序的项目浏览器

想一想

使用范例程序时一般要注意什么？

然后在范例程序的项目浏览器中找到 Parallax PING)))（FPGA）.vi，双击打开，把程序拖到 FPGA Main Default.vi 中，如图 3-1-10 所示。

想一想

FPGA Main Default 程序的引脚分别代表什么意思？

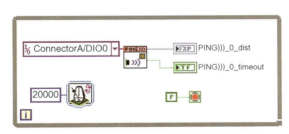

图 3-1-10　FPGA Main Default 程序

注意事项

　　不能在导入范例程序后直接点击 ⇨（"运行"）进行编译，因为会出现引脚冲突的情况。在选择引脚的同时，要注意 Main 程序的其他地方是否使用了该引脚。若确实有但未用到，可使用程序框图禁用结构将其禁用。例如图 3-1-10 中使用的是 A/DIO0 引脚，就需要禁用该引脚，如图 3-1-11 所示。

想一想

为什么不能在导入范例程序后直接运行？

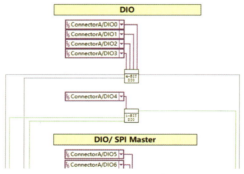

图 3-1-11　A/DIO0 引脚位置

活动二：FPGA 引脚配置与编译

1. 双击进入 **A/DIO0** 引脚所连接的子 **VI**，左上角选择"文件"至"另存为"，选择"另外打开副本"，点击"继续"，如图 **3-1-12** 所示。

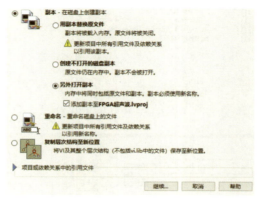

图 3-1-12　另存为副本

想一想

文件可以任意命名吗？命名规范是什么？

2. 看到弹出"文件另存为"的目录及文件名的填写对话框后，填写文件名"DIO3-bit"，点击"确定"，即可完成文件的保存，如图 3-1-13 所示。

图 3-1-13　选择保存文件路径和文件名

3. 回到 FPGA Main Default.vi，找到 A/DIO0 引脚所连接的子 VI，右键点击"替换"，选择"全部选板"至"Select a VI..."，选择刚刚另存为的文件，如图 3-1-14 所示。

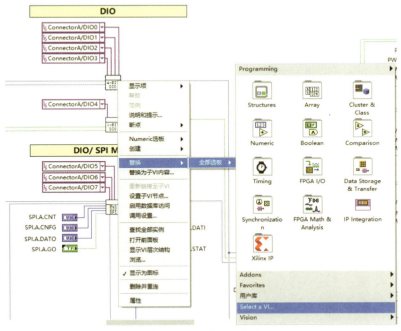

图 3-1-14 子 VI 替换

4. 替换完成后，双击进入子 VI，删除 DIO0 输入控件和 PN0 函数，删除断线。由于 DIO0 输入控件和 PN0 函数被删除了，因此要在创建数组函数中补充一个值为假的布尔常量并保存，然后关闭子 VI，如图 3-1-15、图 3-1-16 所示。

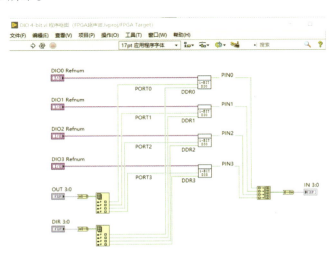

图 3-1-15 子 VI 修改前

想—想

为什么要删除 DIO0 输入控件和 PN0 函数？

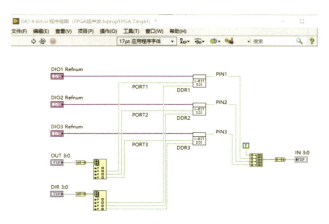

图 3-1-16　子 VI 修改后

想—想

为什么要删除 ConnectorA/ DIO0 引脚常量?

5. 回到 FPGA Main Default.vi，删除 ConnectorA/DIO0 引脚常量和断线，如图 3-1-17 所示。

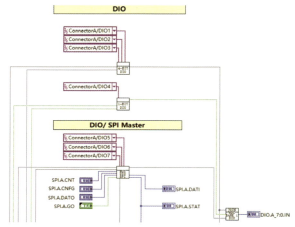

图 3-1-17　删除多余的连线

6. 进行编译，点击"运行"，选择第一项"使用本地编译服务"，如图 3-1-18 所示。

图 3-1-18　选择编译服务

7. 点击"OK"后，LabVIEW 即开始编译，如图 3-1-19 所示。

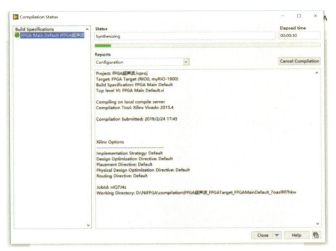

图 3-1-19　正在编译界面

想一想

如果编译失败，
应怎么处理？

注意事项

　　错误代码"-63040"表示未检测到远程设备，点击
"确定"即可，如图 3-1-20 所示。

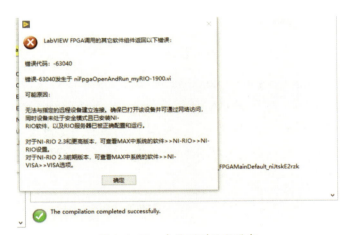

图 3-1-20　未检测到远程设备

注意事项

　　编译失败的原因是 myRIO 上的 FPGA 资源不够，
删除一些不用的端口后重新编辑即可，如图 3-1-21、图
3-1-22 所示。

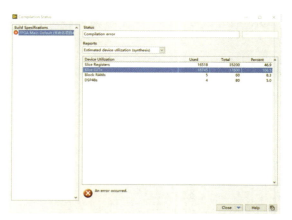

图 3-1-21　编译失败界面

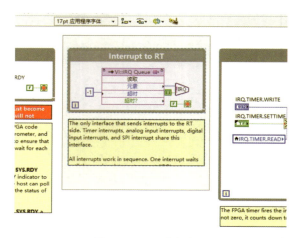

图 3-1-22　删除端口

想一想

FPGA 编译生成的是什么文件？

8. The compilation completed successfully 表示编译成功，此时可在 RT Main 程序里的"打开 FPGA VI 引用"控件选择编译好的文件（一般会在本次项目所保存的文件夹里）。右键点击该控件，选择"配置打开 FPGA VI 引用"，找到并选择刚刚编译好的文件（文件后缀为 lvbitx），如图 3-1-23 所示。

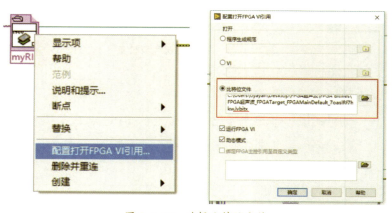

图 3-1-23　选择比特位文件

活动三：测距程序编写与测试

1. 新建一个 While 循环，在里面新建一个读取／写入控件，选择 PING)))_0_dist 和 PING)))_0_timeout，使用选择函数判断读取是否超时。若超时，则输出上一次距离值；若未超时，则输出当前值，将其转换为 DBL 类型，乘以 100 换算为以 cm 为单位，即读取的距离，如图 3-1-24 所示。

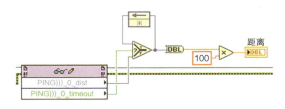

图 3-1-24　读取距离部分程序

2. 对 myRIO Custom FPGA Project 中的 RT Main 程序进行编辑，在原程序的 While 循环中增加读取／写入控件，用于引出 FPGA 函数里超声波模块范例中所读取的距离，即可完成整个超声波传感器测距程序的编写，如图 3-1-25 所示。

想一想

While 循环的作用是什么？

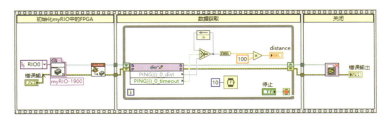

图 3-1-25　RT Main 超声波程序

3. 将已经连接好的硬件系统上电。

4. 下载程序到 myRIO 控制器中。

5. 观察程序界面中的波形图及右侧窗口中的测距数据，如图 3-1-26 所示。

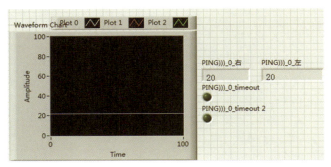

图 3-1-26　超声波测距程序界面

6.调整移动机器人与前方墙体的距离,观察程序界面中的数据变化是否正确,以及误差范围是否在 1 cm 内,如图 3-1-27 所示。

图 3-1-27　移动机器人超声波测距图

 **总结评价**

1.依据世界技能大赛相关评分细则,本任务的评分标准详见下表,总分为 10 分。

表 3-1-1　任务评价表

序号	评价项目	评分标准	分值	得分
1	在距离超声波传感器 30 cm 处放置挡板	程序界面中显示 29~31 cm 得 2 分,超过此范围不得分	2	
2	机器人后退运动,在距离挡板 30cm 处停止	机器人在距离挡板 29~31 cm 处停止得 2 分,超过此范围不得分	2	
3	将挡板放置在超声波传感器前方,机器人随着挡板与超声波传感器距离变化而做出相应动作	挡板与超声波传感器距离大于 30 cm,机器人后退,小于 30 cm,机器人前进,满足现象得分,不满足不得分	2	
4	将挡板放置在超声波传感器前方,机器人随着挡板与超声波传感器距离变化而改变指示灯状态	挡板与超声波传感器距离大于 30 cm,机器人指示灯闪烁,小于 30 cm,机器人指示灯常亮,满足现象得分,不满足不得分	2	
5	将挡板放置在超声波传感器前方,编写程序,能实现 myRIO 上第一个指示灯闪烁,将挡板移开,指示灯灭	myRIO 上第一个指示灯闪烁,满足现象得分,不满足不得分	2	

提示

请根据世界技能大赛评价项目和评分标准检查自己编写的程序是否成功。

2. 对任务评价表中的失分项目进行分析,并写出错误原因。

_____

_____

_____

_____

 拓展学习

一、敞开型超声波传感器的特点

敞开型超声波传感器的发送部件与接收部件的内部结构如图 3-1-28 所示,其核心元件主要由两片压电元件紧贴在一起组成。发送器的压电元件上装有锥形共振盘,可提高发射效率;接收器的压电元件上装有匹配器,可提高接收效率。

敞开型超声波传感器的工作频率一般为 23～25 kHz 及 40～45 kHz,传输距离一般为 10 m 左右。

讨论

敞开型超声波传感器可通过哪些方法提高发射、接收效率?

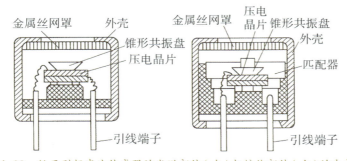

图 3-1-28 敞开型超声波传感器的发送部件(左)与接收部件(右)的内部结构

敞开型超声波传感器的常见型号有 T/R40-12、T/R40-16、T/R40-18A、T/R40-24A 等。其中,T 表示发送器,R 表示接收器,40 表示工作频率为 40 kHz,12、16、18、24 分别表示它们的外径尺寸,单位为 mm。

二、密封型超声波传感器的特点

密封型超声波传感器的常见型号有 MA40 系列,包括 MA40EIS 及 MA40EIR、MA40E7R/S、MA40E6-7 等,工作频率均为 40 kHz。

密封型超声波传感器(如 MA40EIS、MA40EIR)的外形与内部结

构如图 3-1-29 所示。

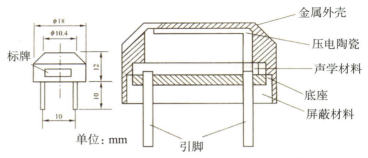

图 3-1-29　密封型超声波传感器的外形（左）与内部结构（右）

密封型超声波传感器通过金属膜传输振荡信号，因此其传输距离比敞开型超声波传感器小。

密封型超声波传感器具有防水作用（但不能放入水中），不受露水、雨水及尘土的影响，在一定程度上具有抗腐蚀性，适用于室外或被液体溅到的场合，比如测量小型油罐或油罐车的液位高度。

思考与练习

1. 如何在移动机器人中增加报警功能，使其在检测到距离小于 10 cm 时报警？

2. 技能训练：配置一个 B/DIO0 端口超声波传感器读取的 FPGA 文件。

3. 技能训练：使用超声波传感器控制八个布尔的亮灯数目，实现每增加 10 cm 就多亮一盏灯。

任务 2　红外传感器功能实现

学习目标

1. 能对红外传感器进行灵敏度调整。
2. 能编写红外测距程序。
3. 能使用红外传感器进行测距。
4. 能在操作中严格遵守安全文明规程，养成良好的编程习惯。

情景任务

在上一任务中已完成超声波传感器的测距。为精准测定移动机器人与障碍物的距离，并使其保持一定的响应速度，现在需要对红外传感器进行编程，使机器人能够通过红外传感器获取前方障碍物的准确距离，测量误差控制在 1 cm 内。

查一查

尝试查找红外传感器与超声波传感器之间的区别及它们各自的使用场景。

思路与方法

一、红外传感器的测距原理是什么？

使用红外传感器时，由发射电路的红外发射管先发出红外线，红外线遇到障碍物后发生反射，接收电路的光敏接收管接收到该反射光后，便可判断前方是否有障碍物。接收管接收的光强随反射物体距离的变化而变化，距离近则反射光强，距离远则反射光弱。其工作原理示意图如图3-2-1 所示。

想一想

红外线的波长是多少？

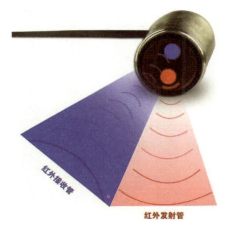

图 3-2-1　红外传感器工作原理示意图

二、本任务选用的红外传感器有什么特点？

图 3-2-2　GP2Y0A21 红外传感器模块

本任务选用 GP2Y0A21 红外传感器模块，如图 3-2-2 所示。该模块利用三角测距原理，通过位置敏感器件（Position Sensitive Device，简称 PSD）获取输出信号，并根据信号得到物体的距离值。

该模块有效的测量距离在 80 cm 内，有效的测量角度大于 40°。输出的信号为模拟电压，在 0～8 cm 的范围内与距离成正比关系，在 10～80 cm 的范围内与距离成反比非线性关系，反应时间约为 5 ms，并且对背景光及温度的适应性较强。具体情况如图 3-2-3 所示，其中纵轴为电压值，横轴为测量距离值。

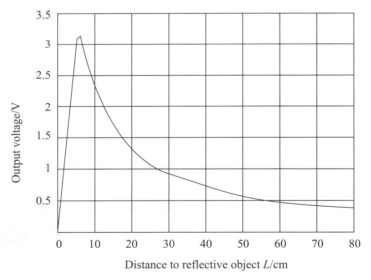

图 3-2-3　检测电压与距离曲线图

由此得出距离与电压公式如下：

$$D = 6787/（V\text{-value}/5 \times 1024 - 3）- 4$$

在这个公式中，V-value 表示模拟测量 Express VI 的输出，D 即我们需要的测量距离。通过这个数学转换公式即可将模拟测量输出 D 换算成需要的距离信息。

三、红外传感器测距程序的编写流程是什么？

要想使移动机器人读取红外传感器数据，需要采用 Express VI（快速 VI）实现模拟量输入采集。首先在程序框图中添加模拟输入 Express VI，并对其进行配置，Express VI 的输出需要进行数据处理，再添加波形图表显示数据。为了进行多次采集，需要加入 While 循环，并添加 50 ms 延时。由于程序是在 myRIO 上运行的，因此还需要添加复位 VI。红外传感器测距流程如图 3-2-4 所示。

想一想

While 循环的作用是什么？

图 3-2-4　红外传感器测距流程图

活动一：引脚配置

1. 创建 myRIO 项目，新建 VI，放置模拟输入 Express VI，如图 3-2-5 所示。

想一想

创建 myRIO 项目时除了新建 VI，还可如何操作？

图 3-2-5　myRIO 函数选取

2. 先选择配置 Express VI，然后选择 B/AI0 和 B/AI1 两个模拟输入接口，端口分别选择 3 口和 5 口，如图 3-2-6 所示。

想一想

为什么要选择两个模拟输入接口？

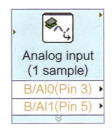

图 3-2-6　配置模拟输入接口

活动二：基本程序编写

1. 先在前面板放置波形图表，然后回到程序框图放置捆绑，再将 B/AI0 和 B/AI1 输出连接至捆绑输入，最后将捆绑结果连接至波形图表，如图 3-2-7 所示。

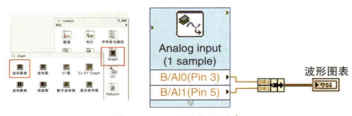

图 3-2-7　放置波形图表

2. 添加 While 循环和延时及 myRIO 复位 VI，先将错误簇连接起来，再用移位寄存器将错误簇输入端也连接起来，即可完成红外测距基本程序的编写，如图 3-2-8 所示。

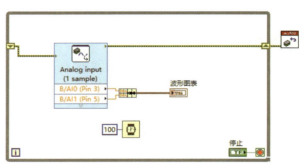

图 3-2-8　红外测距基本程序

活动三：数据处理

1. 先在函数面板中找到 Signal Processing，然后找到"逐点"组，选择"概率与统计（逐点）"，再选择"均值（逐点）"，便可放置逐点均值函数，如图 3-2-9、图 3-2-10 所示。

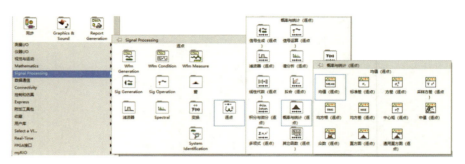

图 3-2-9　调用数据处理函数

均值（逐点）

[NI_PtbyPt.lvlib:Mean PtByPt.vi]

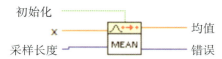

初始化

X ——————— 均值

采样长度 ——————— 错误

计算采样长度指定的输入数据点的均值或平
均值。如值小于采样长度，VI 使用该值计算
均值。

图 3-2-10 均值（逐点）函数图标说明

2. 将输入输出分别连接到程序中，并通过"即时帮助"查看该函数
相应的输入输出功能，如图 3-2-11 所示。

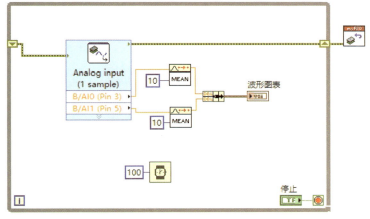

图 3-2-11 灵敏度调整程序

想—想

在运行红外测距基本程序时，有时数据抖动特别大，会影响机器人的性能，导致机器人运动或避障出现较大的噪声干扰，极大地影响了红外测距的灵敏度，这种情况应如何避免？

3. 用数学转换公式将模拟测量输出换算成需要的距离信息。完整
的红外测距程序如图 3-2-12 所示。

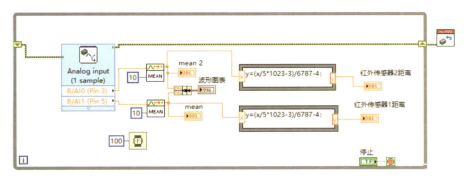

图 3-2-12 完整的红外测距程序

活动四：结果测试

1. 将已经连接好的硬件系统上电。

2. 下载程序到 myRIO 控制器中。

3. 观察程序界面中的波形图表、对应的模拟电压变化曲线及右侧窗口中换算后的距离信息，如图 3-2-13 所示。

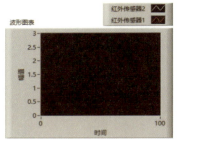

图 3-2-13　红外测距程序运行结果

想一想

如果实际距离比程序界面中显示的值大，应如何修改程序中的参数？

4. 调整移动机器人的位置，用直尺测量其与前方障碍物的距离，观察数值与程序界面中显示的值是否一致，并记录下误差值，确保误差在 1 cm 内，若误差过大，则在程序中进行调整，如图 3-2-14 所示。

图 3-2-14　移动机器人红外测距图

 **总结评价**

1. 依据世界技能大赛相关评分细则，本任务的评分标准详见下表，总分为 10 分。

表 3-2-1　任务评价表

序号	评价项目	评分标准	分值	得分
1	将挡板放置在红外传感器前方 10 cm 处	程序界面中显示 9～11 cm 得 2 分，超过此范围不得分	2	
2	将挡板放置在红外传感器前方，机器人随着挡板与红外传感器距离变化而做出相应动作	挡板与红外传感器距离大于 30 cm，机器人左转，小于 30 cm，机器人右转，满足现象得分，不满足不得分	2	

（续表）

序号	评价项目	评分标准	分值	得分
3	将挡板放置在红外传感器前方，编写程序，能实现myRIO上第二个指示灯闪烁，将挡板移开，指示灯灭	myRIO上第二个指示灯闪烁，满足现象得分，不满足不得分	2	
4	机器人平移，在距离挡板20 cm处停止	机器人在距离挡板19~21 cm处停止得2分，超过此范围不得分	2	
5	将挡板靠近红外传感器，myRIO指示灯亮	挡板离myRIO越近，指示灯亮得越多，挡板离myRIO越远，指示灯亮得越少，能体现数量变化得2分	2	

2. 对任务评价表中的失分项目进行分析，并写出错误原因。

_____

_____

_____

_____

 拓展学习

激光雷达

激光雷达是以激光器为发射光源，采用光电探测技术手段的主动遥感设备。作为一种激光技术与现代光电探测技术相结合的先进探测方式，激光雷达由发射系统、接收系统、信息处理等组成，如图 3-2-15 所示。

激光雷达的工作原理是利用可见光和近红外光（多为 950 nm 波段附近的红外光）发射一个信号，经目标反射后被接收系统收集，通过测量反射光的运行时间即可确定目标的距离。另外，目标的

图 3-2-15　激光雷达

想一想

激光雷达常用于什么场合？

径向速度可由反射光的多普勒频移确定。激光雷达工作原理如图 3-2-16 所示。

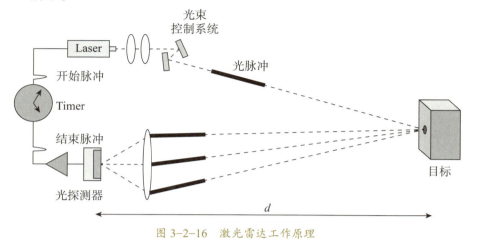

图 3-2-16 激光雷达工作原理

思考与练习

1. 如果不对红外传感器进行灵敏度调整，会对其功能有什么影响？

2. 如果把逐点均值函数中的采样长度变大，会对其功能有什么影响？

3. 技能训练：将模拟测量输出结果进行限幅，保证最终的测量结果在传感器的量程范围内。

任务3　姿态传感器功能实现

 学习目标

1. 能对姿态传感器进行灵敏度调整。
2. 能编写姿态传感器应用程序。
3. 能使用姿态传感器进行角速度和角位移的测量。
4. 能在操作中严格遵守安全文明规程，养成良好的编程习惯。

 情景任务

　　在上一任务中已完成红外传感器的测距。为精准判断移动机器人自身的角速度和角位移，现在需要对姿态传感器进行编程和调试，使机器人能够通过姿态传感器测量自身的角速度和角位移。

 思路与方法

一、姿态传感器的工作原理是什么？

　　姿态传感器是基于 MEMS 技术的高性能三维运动姿态测量系统。它包含三轴陀螺仪、三轴加速度计、三轴电子罗盘等运动传感器，通过内嵌的低功耗 ARM 处理器得到经过温度补偿的三维姿态与方位等数据，并利用基于四元数的三维算法和特殊数据融合技术，实时输出以四元数、欧拉角表示的零漂移三维姿态方位数据。本任务中的姿态传感器须使用 IIC 技术进行通信。

查一查

尝试查找文中 MEMS 技术的相关资料。

二、什么是 IIC 技术？它有什么特点？

　　IIC 亦称 I2C，即 Inter-Integrated Circuit（集成电路总线），是一种简单、双向、二线制、同步串行总线结构。I2C 总线用于连接微控制器及其外围设备，由串行数据线（SDA）和串行时钟线（SCL）两线组成，这两个引脚在连接到总线的器件间传递信息并提供同步时序。

想一想

为什么要使用 IIC 技术？

1. I2C 总线物理拓扑结构

I2C 总线在物理连接上非常简单，由 SDA、SCL 及上拉电阻组成，如图 3-3-1 所示。其通信原理是通过控制 SCL 和 SDA 高低电平时序，对 I2C 总线协议所需要的信号进行数据的传递。当总线处于空闲状态时，这两根线一般被上面所接的上拉电阻拉高，保持着高电平。

I2C 的通信方式属于半双工，即只有一根数据线 SDA，同一时刻只能单向通信。

查一查

尝试查找 SDA 和 SCL 的定义、作用及工作原理。

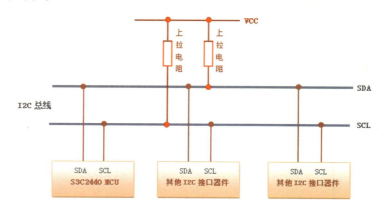

图 3-3-1 I2C 总线物理拓扑结构

2. I2C 总线特征

I2C 总线上的每一个设备都可作为主设备或从设备，并且对应一个唯一的地址（地址可通过物理接地或拉高从 I2C 器件的数据手册中得知，如 TVP5158 芯片，7 bit 地址依次是 bit6～bit0：x1011xxx，最低三位可配，如果全部物理接地，则该设备地址为 0x58，而之所以是 7 bit，是因为 1 个 bit 代表方向，即主向从和从向主），主从设备之间就是通过这个地址来确定与哪个器件进行通信。在通常的应用中，CPU 带 I2C 总线接口的模块为主设备，挂接在 I2C 总线上的其他设备为从设备。

查一查

尝试查找 I2C 的相关资料。

I2C 总线上可挂接的设备数量受总线最大电容 400pF 的限制，若所挂接的是相同型号的器件，则还受器件地址位的限制。I2C 总线数据传输速率在标准模式下可达 100 kbit/s，快速模式下可达 400 kbit/s，高速模式下可达 3.4 Mbit/s。传输速率一般通过 I2C 总线接口可编程时钟来调整，同时也和所接的上拉电阻的阻值有关。I2C 总线上的主设备与从设备之间以字节（8 bit）为单位进行双向的数据传输。

3. I2C 总线协议

I2C 协议规定，总线上数据的传输必须以一个起始信号作为起始条件，以一个结束信号作为停止条件。起始信号和结束信号总是由主设备产生（这意味着从设备不可以主动通信，所有通信都由主设备发起，先发出询问的 command，然后等待从设备的通信）。

当总线处于空闲状态时，SCL 和 SDA 都保持着高电平。当 SCL 为高电平而 SDA 由高电平向低电平跳变时，表示产生一个起始条件；当 SCL 为高电平而 SDA 由低电平向高电平跳变时，表示产生一个停止条件。

起始条件产生后，总线处于忙状态，被本次数据传输的主从设备独占，其他 I2C 器件无法访问总线；停止条件产生后，本次数据传输的主从设备将释放总线，使其再次处于空闲状态。起始与停止如图 3-3-2 所示。

图 3-3-2　起始与停止

想—想

I2C 总线常用于什么场合？

那么数据是如何在上述过程中进行传输的？数据传输以字节为单位。主设备在 SCL 上每产生一个时钟脉冲就将在 SDA 上传输一个数据位，当一个字节按数据位从高到低的顺序传输完后，紧接着从设备将拉低 SDA，回传给主设备一个应答位，此时一个字节才算真正传输完成。当然，并不是所有的字节传输都必须有一个应答位，比如当从设备不能再接收主设备发送的数据时，它将回传一个否定应答位。数据传输过程如图 3-3-3 所示。

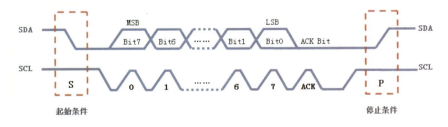

图 3-3-3　数据传输过程

I2C 总线上的每一个设备都对应一个唯一的地址，主从设备之间的数据传输建立在地址的基础上，主设备在传输有效数据前要先指定从设备的地址，地址指定过程和数据传输过程一样，只不过大多数从设备的地址是 7 bit 的，然后根据协议规定，需要再给地址添加一个最低位，表示接下来数据传输的方向，0 表示主设备向从设备写数据，1 表示主设备向从设备读数据。向指定设备发送数据的格式如图 3-3-4 所示。(每一最小包数据由 9 bit 组成，8 bit 内容 +1 bit ACK，如果是地址数据，则 8 bit 包含 1 bit 方向)

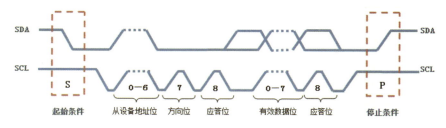

图 3-3-4　发送数据的格式

三、本任务选用的姿态传感器有什么特点？

本任务选用 MPU6050 姿态传感器模块，如图 3-3-5 所示。该模块是一种非常流行的空间运动传感器芯片，包括陀螺仪和加速度计，可获取器件当前的三个加速度分量和三个旋转角速度。由于体积小巧，功能强大，精度较高，这种传感器不仅被广泛应用于工业，还被安装在各类飞行器上。

图 3-3-5　MPU6050 姿态传感器模块

想一想

为什么要选用 MPU6050 姿态传感器？还可使用什么传感器？

MPU6050 对陀螺仪和加速度计分别用了三个 16 位 ADC，将其测量的模拟量转化为可输出的数字量。为了精确跟踪快速或慢速的运动，传感器的测量范围都是用户可控的，陀螺仪的可测范围为 ±250dps、±500dps、±1000dps、±2000dps，加速度计的可测范围为 ±2g、±4g、±8g、±16g。一个片上 1024 字节的 FIFO 有助于降低系统功耗。和所有设备寄存器之间的通信采用 400 kHz 的 I2C 接口或 1 MHz 的 SPI 接口（SPI 仅 MPU6000 可用）。对于要高速传输的应用，寄存器的读取和中断可采用 20MHz 的 SPI。另外，片上还内嵌了一个温度传感器和在工作环境下仅有 ±1% 变动的振荡器。芯片尺寸为 4×4×0.9 mm，采用 QFN 封装（无引线方形封装），可承受最大 10000 g 的冲击，并有可编程的低通滤波器。关于电源，MPU6050 可支持的 VDD 范围为 2.5V±5%、3.0V±5% 或 3.3V±5%。另外，MPU6050 还有一个 VLOGIC 引脚，可为 I2C 输出提供逻辑电平。VLOGIC 电压可取 1.8V±5% 或 VDD。

MPU6050 的相关寄存器见下表。

表 3-3-1 MPU6050 的相关寄存器

寄存器名称	地址	作用和配置
PWR_MGMT_1	6B	配置电源模式；0x00 正常启动
GYRO_CONFIG	1B	配置陀螺仪；0x00 设置陀螺仪为 +250dps，不自检，不绕过数字滤波器
CONFIG	1A	相关配置；0x06 完成对 FIFO、引脚滤波和滤波器的设置
SMPLRT_DIV	19	采样率分配；0x07 选择八分频预分频

MPU6050 的相关数据寄存器见下表。

表 3-3-2 MPU6050 的相关数据寄存器

数据寄存器名称	地址	内容
GYRO_XOUT_H	43	GYRO_XOUT_H [15:8]
GYRO_XOUT_L	44	GYRO_XOUT_L [7:0]
GYRO_YOUT_H	45	GYRO_YOUT_H [15:8]
GYRO_YOUT_L	46	GYRO_YOUT_L [7:0]
GYRO_ZOUT_H	47	GYRO_ZOUT_H [15:8]
GYRO_ZOUT_L	48	GYRO_ZOUT_L [7:0]

想—想

数据寄存器的作用是什么？

四、姿态传感器数据读取程序的编写流程是什么？

首先打开和配置 I2C 通讯，对姿态传感器进行配置，然后写入姿态传感器中相关数据寄存器地址，即可获取姿态传感器的当前数据，再通过数据处理，获得 3 轴方向的角速度。姿态传感器数据读取与测试流程如图 3-3-6 所示。

图 3-3-6　姿态传感器数据读取与测试流程图

活动一：I2C 配置

想—想

什么是数组？

1. 在 Open.vi 的输入端建立常量数组，选择 I2C 引脚。在 Configure.vi 中新建常量数组，选择 Standard mode（100 kbps），即可完成 I2C 总线的配置，如图 3-3-7 所示。

想—想

把一组数据依次传送到外面，需要使用什么循环语句？

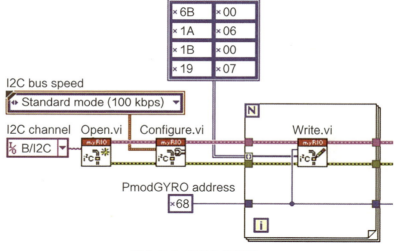

图 3-3-7　I2C 初始配置

想—想

For 循环的作用是什么？

> **注意事项**
>
> 　　因为要写入多个寄存器的值，所以可采用 For 循环加数组自动索引的形式。MPU6050 的数据写入和读出均通过其芯片内部的寄存器实现，这些寄存器的地址都是 1 个字节，也就是 8 位的寻址空间。

2. 右键点击数值常量，选择"属性"，在"外观"中选择"显示基数"，在"数据类型"中选择表示法为"无符号单字节整型"。在"显示

格式"中先选择类型为"十六进制",然后选中右侧的"使用最小域宽",
选择"2",再选择"左侧填充零",如图 3-3-8 所示。

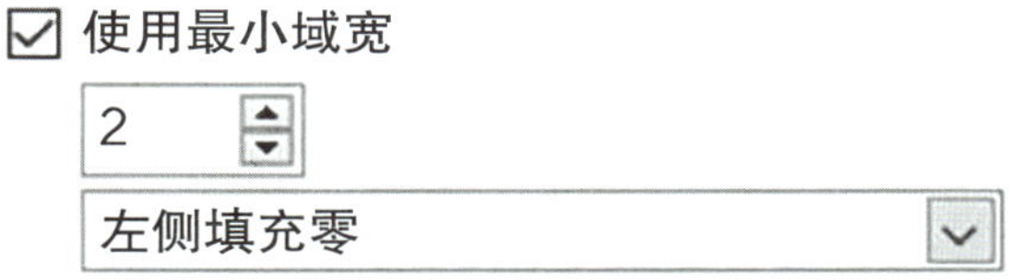

☑ 使用最小域宽

2 ▲▼

左侧填充零 ▼

图 3-3-8　修改数值属性

注意事项

由于输入寄存器的值是地址,因此须修改数值常量
(或数组常量)的显示格式。

活动二: 姿态传感器数据读取

想一想

如何获取原始角速度?

1. 查询寄存器表,读取陀螺仪数据,写入陀螺仪存放数组的寄存器首地址,再读取后六个,如图 3-3-9 所示。

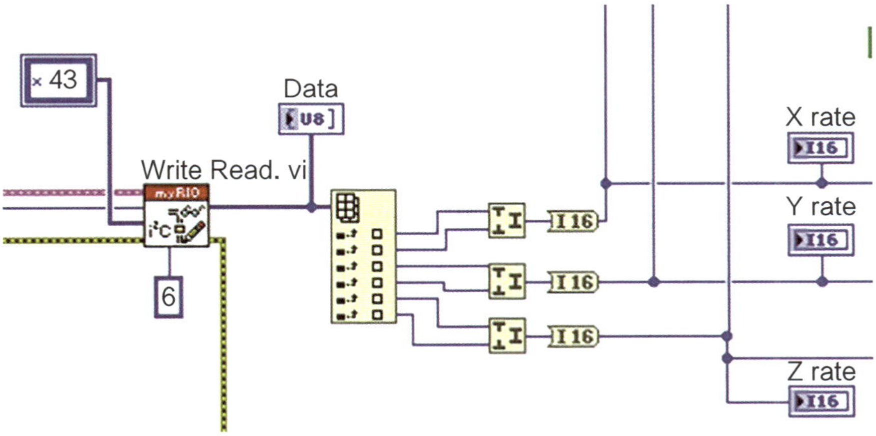

想一想

为什么要给姿态传感器分配地址?

图 3-3-9　读取初始角速度

注意事项

每次向器件写入和读取数据时须指定器件的总线地址,MPU6050 的总线地址为 0x68。读取的数据两两之间应用整数拼接相连,转换为 16 位整型,即可获取原始角速度。

想一想

积分运算的作用是什么?

2. 将所得的数据进行逐点积分运算(信号处理→逐点→积分与微分逐点),dt 选择 1/1000,即可进一步获取原始角位移,如图 3-3-10 所示。

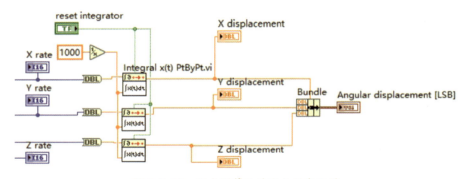

图 3-3-10　积分运算后读取初始角位移

3. 姿态传感器数据读取程序框图如图 3-3-11 所示。

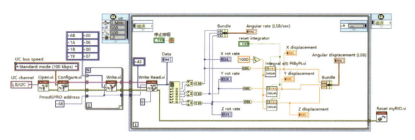

图 3-3-11　姿态传感器数据读取程序框图

活动三: 程序测试

1. 将已经连接好的硬件系统上电。

2. 下载程序到 myRIO 控制器中。启动程序,调整姿态传感器的位置,观察实验数据及其变化。运行时的前面板如图 3-3-12 所示。

提示

调整姿态传感器的位置时,请仔细观察机器人实际移动状态。

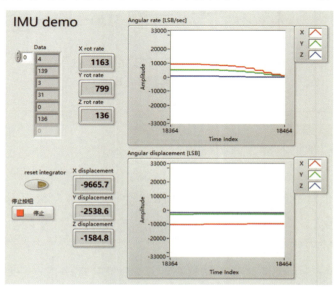

图 3-3-12　程序运行时的前面板

3. 可以观察到机器人移动时，X、Y、Z 三个方向的加速度值都在不断变化，要想得出较准确的数据，须进一步计算和滤波。关于寄存器的地址，可查阅 MPU6050 的手册，因为一旦地址输入有误，可能会影响数据的读取。若 Write.vi 和 Write Read.vi 不在循环里，会导致不能持续读取数据。

 总结评价

1. 依据世界技能大赛相关评分细则，本任务的评分标准详见下表，总分为 10 分。

表 3-3-3　任务评价表

序号	评价项目	评分标准	分值	得分
1	机器人左移，程序界面中 X 值最大	程序界面中 X 值最大得分	2	
2	机器人前进，程序界面中 Y 值最大	程序界面中 Y 值最大得分	2	
3	机器人上坡时，指示灯闪烁	机器人上坡时，指示灯有闪烁；机器人平路行走，指示灯灭	2	
4	机器人下坡时，指示灯闪烁	机器人下坡时，指示灯有闪烁；机器人平路行走，指示灯灭	2	
5	调整机器人的移动速度，加速度波数值变化	程序界面中波形变化明显得分	2	

2. 对任务评价表中的失分项目进行分析，并写出错误原因。

_____

_____

_____

_____

 拓展学习

一、陀螺仪

陀螺仪的原理就是一个旋转物体的旋转轴所指的方向在不受外力影响的情况下是不会改变的。根据这个原理，我们可用陀螺仪来保持方向，然后通过多种方法读取轴所指的方向，并自动将数据信号传给控制系统。现代陀螺仪可精确地确定运动物体的方位，是一种在现代航空、航海、航天和国防工业领域广泛使用的惯性导航仪器。传统的惯性陀螺仪主要是机械式的陀螺仪，对工艺结构的要求很高。20 世纪 70 年代，研究人员提出了现代光纤陀螺仪的基本设想。到 80 年代以后，光纤陀螺仪和激光谐振陀螺仪先后得到很大的发展。光纤陀螺仪具有结构紧凑、灵敏度高、工作可靠的特点，目前已在很多领域完全取代了机械式的陀螺仪，成为现代导航仪器中的关键部件。

二、加速度计

加速度计是测量加速度的仪表，加速度测量是工程技术提出的重要课题。当物体具有很大的加速度时，物体及其所载的仪器设备和其他无相对加速度的物体均受到能产生同样大的加速度的力，即受到动载荷作用。可见，要想知道动载荷，必须先测出加速度。如何知道各瞬时飞机、火箭和舰艇所在的空间位置呢？可通过惯性导航（见陀螺平台惯性导航系统）连续测出其加速度，然后经过积分运算得到速度分量，再次积分运算得到一个方向的位置坐标信号，通过坐标方向的仪器测量结果可综合计算出运动曲线，并给出每瞬时航行器所在的空间位置。再如某些控制系统中，常需要加速度信号作为产生控制作用所需信息的一部分，这里也出现了连续测量加速度的问题。我们把能连续给出加速度信号的装置称为加速度传感器。

常见加速度计的构件包括外壳（与被测物体固连）、参考质量、敏感元件、信号输出器等。加速度计须有一定量程和精确度、敏感性等，这些要求从某种程度上来说往往是矛盾的。以不同原理为依据的加速度计不仅量程不同（从几个 g 到几十万个 g），对突变加速度频率的敏感性也各不相同。常见加速度计所依据的原理有：（1）参考质量由弹簧与壳体相连，它和壳体的相对位移反映出加速度分量的大小，这个信号通过电位器以电压量输出；（2）参考质量由弹性细

查一查

尝试查找陀螺仪的类型和作用，并说出身边使用陀螺仪的案例。

想一想

加速度计常用于什么场合？

杆与壳体固连，加速度引起的动载荷使杆变形，用应变电阻丝感应变形的大小，其输出量是正比于加速度分量大小的电信号；（3）参考质量由压电元件与壳体固连，质量的动载荷对压电元件产生压力，压电元件输出与压力即加速度分量成比例的电信号；（4）参考质量由弹簧与壳体相连，放在线圈内部，反映加速度分量大小的位移改变线圈的电感，从而输出与加速度成正比的电信号。此外，还有伺服类型的加速度计，其中引入一个反馈回路，可提高测量的精度。为了测出平面或空间的加速度矢量，需要两个或三个加速度计，各测量一个加速度分量。

思考与练习

1. 如何对姿态传感器进行灵敏度调整？

2. 技能训练：将姿态传感器与直流电机相结合，实现当姿态传感器角度大于 30° 时直流电机停止工作。

3. 技能训练：编写程序，同时对两个姿态传感器读取数据。

任务 4　底盘直流电机功能实现

学习目标

1. 能编写程序对直流电机进行速度控制。
2. 能编写程序对直流电机进行旋转方向控制。
3. 能使用 PID 闭环精准控制电机的转速。
4. 能在操作中严格遵守安全文明规程，防止机器人在移动时发生碰撞。

情景任务

　　在之前的任务中已完成对移动机器人底盘上相关传感器的调试，现在需要让移动机器人行走起来。在本任务中，需要使用直流减速电机来驱动底盘上的三个轮子，对机器人的运动进行控制。根据世赛要求，移动机器人应能够灵活地前进和后退，移动速度、位移与设定值一致，无抖动。

思路与方法

一、直流减速电机的工作原理是什么？

　　直流电机是指将直流电能转化为机械能（直流电动机）或将机械能转化为直流电能（直流发电机）的旋转电机。通常情况下，直流电机特指直流电动机，主要由定子和转子构成。通正向电压时，电动机正转；通反向电压时，电动机反转。改变电动机两端电压的大小，即可改变电动机的转速。

想一想

为什么要使用直流减速电机？

　　直流减速电机即齿轮减速电机，是在普通直流电机的基础上加上配套齿轮减速箱。齿轮减速箱的作用是提供较低的转速、较大的力矩，齿轮箱不同的减速比可提供不同的转速和力矩，这大大提高了直流电机在自动化行业中的使用率。直流减速电

图 3-4-1　直流减速电机

机如图 3-4-1 所示，直流减速电机内部的减速齿轮如图 3-4-2 所示。

图 3-4-2　直流减速电机齿轮箱

想一想

电机齿轮箱的作用是什么？

二、编码器的特点和工作原理是什么？

编码器是将信号或数据编制、转换为可用于通信、传输和存储的信号形式的设备。

光电编码器有一个中心有轴的光电码盘，上面有环形通、暗的刻线，由光电发射和接收器件读取，获得四组正弦波信号后组合成 A、B、C、D，每个正弦波相差 90° 相位差（相对于一个周波为 360°），将 C、D 信号反向叠加在 A、B 两相上，可增强稳定信号，另每转输出一个 Z 相脉冲代表零位参考位。由于 A、B 两相相差 90°，可通过比较 A 相在前还是 B 相在前，判别编码器的正转与反转，通过零位脉冲，可获得编码器的零位参考位。

编码器码盘的材料包括玻璃、金属、塑料。玻璃码盘是在玻璃上沉积很薄的刻线，热稳定性好，精度高。金属码盘直接以通和不通刻线，不易碎，但由于金属具有一定的厚度，精度上受限制，热稳定性比玻璃码盘差一个数量级。塑料码盘是经济型的，成本低，但精度、热稳定性、寿命均要差一些。

我们将编码器每旋转 360° 提供多少通或暗的刻线称为分辨率，也称解析分度，或直接称多少线，一般在每转分度 5~10000 线。

在移动机器人中用 myRIO 对电机进行控制时，通常认为编码器编码的速度等同于电机的转速。电机的速度与编码的速度存在线性关系，即使不把编码的速度换算成电机的速度，速度的调节也不受影响。本任务中使用的电机已带有光电编码器，因此无须另行安装。

三、如何控制直流减速电机的方向和速度？

由于 myRIO 控制器自身输出的控制信号不足以直接驱动电机转动，因此通常使用 H 桥来"放大"控制器输出的电压。H 桥电路结构如

图 3-4-3 所示。

同一侧的两个场效应管不能同时导通，否则会造成电源短路。H 桥是一种电子电路，可使其连接的负载或输出端两端电压反相或电流反向。这类电路可用于移动机器人及其他场合中直流电动机的正反向控制及转速控制、步进电动机控制（双极

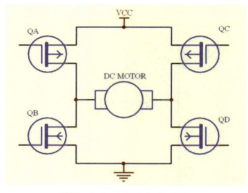

图 3-4-3　H 桥电路结构

型步进电动机必须包含两个 H 桥的电动机控制器），电能变换中的大部分直流－交流变换器（如逆变器及变频器）、部分直流－直流变换器（推挽式变换器）等，以及其他的功率电子装置。

想一想

电机正转时，H 桥哪两个场效应管导通？电机反转时，H 桥哪两个场效应管导通？

直流减速电机方向和速度的具体控制过程如下：

当 QA 和 QD 导通，QB 和 QC 截止时，电机左端电势高，右端电势低，忽略场效应管的导通压降，此时电机两端有 VCC 的电压，电机正转。

当 QA 和 QD 截止，QB 和 QC 导通时，电机左端电势低，右端电势高，忽略场效应管的导通压降，此时电机两端有反向的 VCC 电压，电机反转。

四、什么是开环控制？它有什么特点？

开环控制是指被控对象的输出（被控量）对控制器的输出没有影响。这种控制系统不需要被控量返送回来以形成任何闭环回路。开环控制框图如图 3-4-4 所示。

图 3-4-4　开环控制框图

为了对直流电机进行开环调速，本任务选择 PWM 控制方式对电机进行控制，在连接好硬件系统后，配置 PWM 频率，通过占空比控制电机转速，选择对应数字信号输出口对电机进行转向控制。电机开环控制流程如图 3-4-5 所示。

图 3-4-5　电机开环控制流程图

五、什么是闭环控制与 PID 控制？它们分别有什么特点？

闭环控制是指被控对象的输出（被控量）会返送回来影响控制器的输出，形成一个或多个闭环。闭环控制系统有正返馈和负反馈。若反馈信号与系统给定值信号相反，则称为负反馈；若极性相同，则称为正反馈。一般闭环控制系统均采用负反馈，又称负反馈控制系统。闭环控制框图如图 3-4-6 所示。

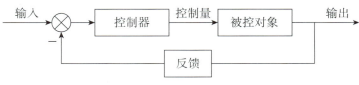

图 3-4-6 闭环控制框图

为减少不确定性，当今的闭环自动控制技术都是基于反馈的概念。反馈理论包括三个要素：测量、比较和执行。测量的关键是将被控量的实际值与期望值相比较，通过这个偏差纠正系统的响应，执行调节控制，目的是将被控量稳定在目标值范围内。当采集到被控量实际值低于目标值时，调节器输出增大；当采集到被控量实际值高于目标值时，调节器输出减小。在工程实际中，应用最为广泛的调节器控制规律为比例、积分、微分控制，简称 PID 控制，又称 PID 调节。

对直流电机而言，普通的 PWM 调节只能粗调其转速，既不能使电机精准地达到指定速度，也不能使电机保持转速恒定，而 PID 调节可以做到这两点。

PID 调节的公式如下：

$$u(t) = k_p e(t) + k_i \int_0^t e(t) \, dt + k_d \frac{de(t)}{dt}$$

$k_p e(t)$ 指比例调节，$k_i \int_0^t e(t) dt$ 指积分调节，$k_d \frac{de(t)}{dt}$ 指微分调节

其中 $e(t)$ 为误差值，误差值＝目标速度－当前速度。

六、LabVIEW 中的 PID 函数有哪些？

在 LabVIEW 中利用 PID.vi 即可搭建一个简单的 PID 控制器。PID 函数如图 3-4-7 所示。

查一查

尝试查找关于 PID 控制的基础知识。

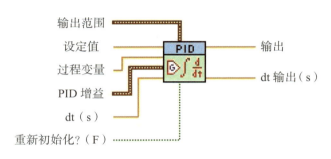

图 3-4-7　PID 函数

使用的接线端如下所示：

（1）输出范围：经 PID 计算的输出值的范围；

（2）设定值（setpoint）：实际期望值；

（3）过程变量（process variable）：也称为系统反馈值，即实际输入量；

（4）PID 增益（PID gains）：输入的是比例 P、积分 I、微分 D 的参数值；

（5）dt（s）：微分时间，单位为秒，指每次进行 PID 计算的间隔时间；

（6）输出（output）：经过 PID 计算的输出量。

七、移动机器人直流减速电机如何实现速度 PID 闭环控制？

速度闭环控制指使电机保持一定速度平稳运行，且当设定速度突变时，响应能很快跟随目标。使用 PID 控制器控制电机，可实现闭环控制。速度 PID 闭环控制框图如图 3-4-8 所示。

图 3-4-8　速度 PID 闭环控制框图

使用 PID 控制器进行速度闭环控制，其中设定值为期望速度，即目标速度，过程变量为电机的实际速度，即编码速度，输出量为 PWM 占空比，输出范围为 PWM 控制范围，控制周期为循环时间。

要想完成速度 PID 闭环控制，了解 PID 算法后根据 LabVIEW 中的 PID 函数即可实现。连接好硬件系统，建立定时循环，设定循环时间，然后读取电机当前编码值，求出编码速度，此时新建一个输入控件作为设定值，过程变量为编码速度，最后 PID 调节后输出占空比，从而控制

想一想

速度 PID 和距离 PID 的作用分别是什么？

电机。速度 PID 闭环控制流程如图 3-4-9 所示。

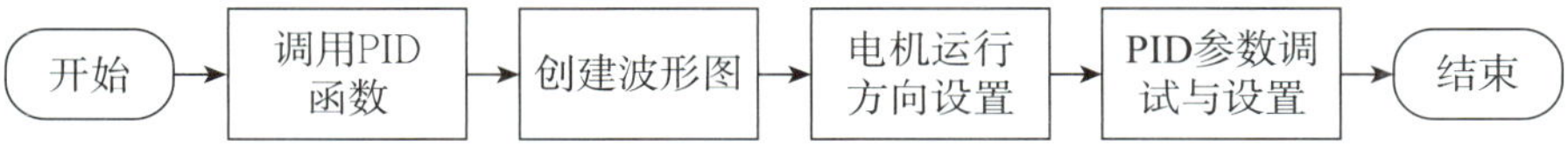

图 3-4-9　速度 PID 闭环控制流程图

想—想

速度 PID 闭环控制是如何编程的？

八、移动机器人直流减速电机如何实现位置 PID 闭环控制？

通过速度环控制直流电机的速度时，可能要让电机转动若干圈数后自动停下来，这仅靠速度 PID 闭环控制是无法实现的。此时需要使用位置 PID 闭环控制。

位置闭环控制指使电机驱动轮子走到某个位置，期望的位置信息通过位置环 PID 算法控制速度环 PID，进而调节电机 PWM，使电机转动预设的编码值后停下。如图 3-4-10 所示，位置环 PID 控制速度环 PID，输出量为速度，通过速度环 PID 控制电机，实现串级 PID 闭环。

图 3-4-10　位置 PID 闭环控制框图

其编程思路为移动机器人上的电机驱动轮子走的实际距离可通过编码器测量出来。例如，要使轮子移动 10 m，经测试得出轮子移动 1 m 为 300 个编码值，则当电机编码值达到 3000 时，轮子移动了 10 m。

使用 PID 控制器进行位置闭环控制，其中设定值为期望位置，即期望的编码值，过程变量为当前电机编码值，输出量为电机速度，输出范围为电机速度范围，控制周期为循环时间。

要想完成位置 PID 闭环控制，学习速度 PID 调节后在此基础上编写位置 PID 即可实现。连接好硬件系统，建立定时循环，设定循环时间，然后读取电机当前编码值，求出编码速度，此时新建一个输入控件作为设定值，过程变量为编码速度，最后 PID 调节后输出占空比，从而控制电机。位置 PID 闭环控制流程如图 3-4-11 所示。

想—想

想要完成位置 PID 闭环控制，应如何调节 PID 的各个参数？

开始 → 读取编码值 → 设定目标位置和位置环 PID 系数 → 创建波形图 → PID 参数调试与设置 → 结束

图 3-4-11　位置 PID 闭环控制流程图

活动一：电机开环控制程序编写与调试

本活动通过编写程序对 M1 电机进行控制，使该直流减速电机能够实现正反转调速运行。

1. 创建一个 myRIO 项目，在程序框图界面右键点击 myRIO，选择 PWM，如图 3-4-12 所示。

图 3-4-12　PWM 组件选取

想—想

为何会出现频率偏差？有什么实际表现？如何矫正偏差？

2. 设置通道为 A/PWM0（27）的控件，此控件是对底层函数的综合运用（快速 VI），设置频率（frequency）为 20000 Hz，不能出现频率偏差，如图 3-4-13 所示。

图 3-4-13　PWM 参数设置

3. 在占空比 Duty Cycle 创建一个输入控件（可在前面板创建一个

滑动杆），此时可通过改变占空比改变电机转速，如图 3-4-14 所示。

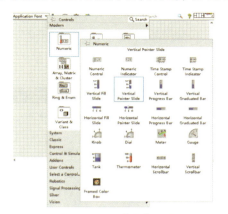

图 3-4-14　滑动杆组件

想—想

什么是占空比？

4. 在移动机器人 PCB 中对 PWM 做取反操作，故实际控制须做 1 减的操作，如图 3-4-15 所示。编辑完成的 PWM 控制程序如图 3-4-16 所示。

想—想

为什么实际控制需要做 1 减的操作？

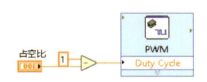

图 3-4-15　1 减组件　　　　图 3-4-16　PWM 控制程序

5. 在程序框图界面右键点击 myRIO，选择 Default 下的 Digital Output，创建一个布尔输入控件，如图 3-4-17 所示。

图 3-4-17　创建布尔输入控件

6. 创建布尔输入控件(方向控制)并设置通道口为实际控制须做 1 减的操作 A/DIO5(Pin21),连接至 A/DIO5(Pin21),布尔输入控件初始值为假值,则为低电平,如图 3-4-18 所示。最后加一个 While 循环,如图 3-4-19 所示。

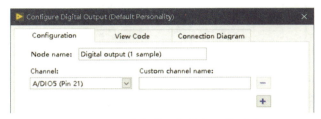

图 3-4-18　布尔输入控件初始值设置

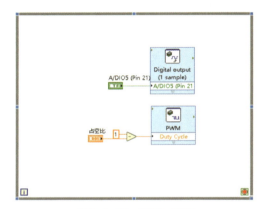

图 3-4-19　While 循环

7. 在 While 循环外建立 reset 函数,通过错误簇与 Digital output 快速 VI 进行连接,目的是在 While 循环结束后让 myRIO 进行复位。开环控制程序框图如图 3-4-20 所示。

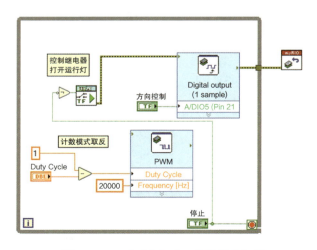

图 3-4-20　直流电机开环控制程序框图

8. 连接好电路后，点击"运行"按钮，电机转动，移动滑动杆，电机转速随占空比增大而增大，占空比的范围在 0~1；要想使电机反向运转，只需在前面板切换方向控制控件的值，即可实现变换高低电平的方向。直流电机控制调试界面如图 3-4-21 所示。

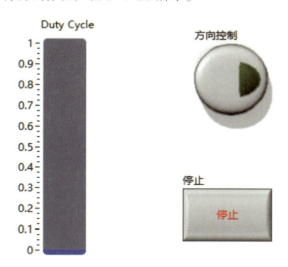

图 3-4-21　直流电机控制调试界面

想—想

设置多大的占空比才能满足现场机器人电机速度？

活动二：电机速度 PID 闭环控制程序编写与调试

本活动通过使用相关控制方法，对移动机器人底盘轮子的精准速度进行控制，使实际速度与目标速度无偏差。

1. 创建定时循环，如图 3-4-22 所示。在设定的循环周期内读取编码值，此处的循环周期设为 10 ms，如图 3-4-23 所示。

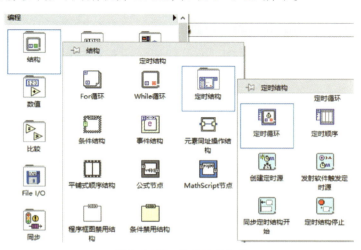

图 3-4-22　定时结构组件

图 3-4-23　配置定时循环参数

2. 新建 Encoder 函数（快速 VI），读取编码计数，如图 3-4-24 所示。选择端口与编码计数方法，如图 3-4-25 所示。

想一想

新建 Encoder 函数时，应如何设置参数？

图 3-4-24　Encoder 函数组件

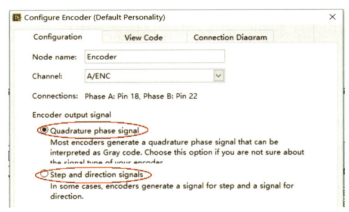

图 3-4-25　编码器 .vi

想一想

编码计数模式是否可以选择第二种？为什么？

编码计数模式有以下两种：

第一种是每转一圈计数为 X4；

第二种是每转一圈计数为 X1。

本项目选择第一种。

3. 通过反馈节点将这一次的编码值减去上一次的编码值，得到单个循环 10 ms 内转过的编码计数，等于单位时间内走过的编码值，即编码速度，如图 3-4-26 所示。

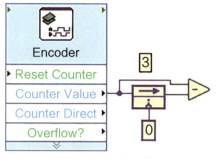

图 3-4-26 编码速度

4. 引用 LabVIEW 中自带的 PID 函数，进行 PID 调节，如图 3-4-27 所示。

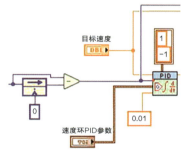

图 3-4-27 PID 调节

注意事项

　　函数中的微分时间要与定时循环的周期一致，均为 10 ms，过程变量为编码速度。由于 Duty Cycle 的范围是 0 ~ 1，再加上方向，因此输出范围设定为 -1 ~ 1。其中，0 ~ 1 表示直流电机正转，-1 ~ 0 表示直流电机反转。

想一想

如何表示电机正转反转？

5. 在前面板中新建一个波形图表控件，如图 3-4-28 所示。通过捆绑函数将目标速度与目前的编码速度捆绑在一起显示，形成直观的比较，便于调节 PID，如图 3-4-29 所示。

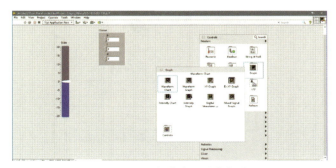

图 3-4-28 新建波形图表控件

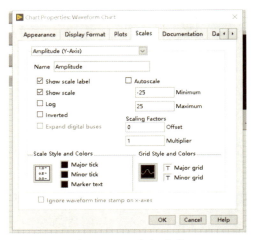

图 3-4-29　参数设置

想一想

PID 计算后值的正负表示什么含义？

6. 判断 PID 计算后值的正负。若为正值，直接输出到 PWM；若为负值，表示电机的方向与目标方向相反，应变换电机的方向。

7. 在 Digital output 函数中选择 A/DIO5（Pin21）和 A/DIO6（Pin23），控制电机方向，如图 3-4-30 所示。

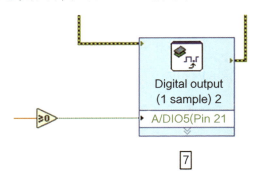

图 3-4-30　方向控制

8. 将 PWM 函数（快速 VI）频率设置为 20000 Hz，PID 函数输出端控制 PWM 输出，如图 3-4-31 所示。

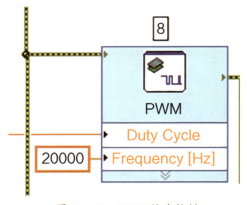

图 3-4-31　PWM 输出控制

9. 在定时循环外建立 reset 函数，通过错误簇与 PWM 快速 VI 进行连接，目的是在程序结束后让 myRIO 进行复位，如图 3-4-32 所示。

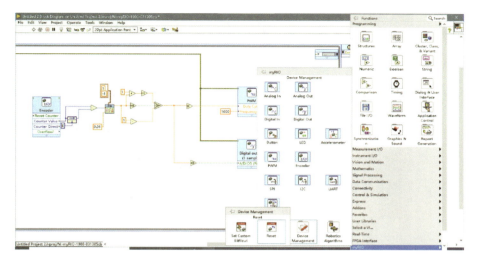

图 3-4-32　建立 reset 函数

想一想

如果不建立 reset 函数，不进行复位处理，会出现什么情况？

10. 速度 PID 闭环控制程序框图如图 3-4-33 所示。

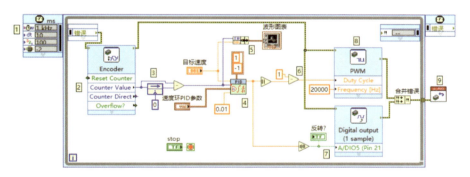

图 3-4-33　速度 PID 闭环控制程序框图

11. 当电机成功运行后，调节不同 PI 值（速度环 PID 调节中只需对 PI 值进行调节）。具体步骤如下：

（1）确定比例系数 k_p。先令 I 和 D 为 0，将目标值（目标速度）设定为电机速度最大值的 60%～70%。然后 k_p 由 0 开始，以 0.01 为单位逐渐增大，直至系统出现振荡。反过来，k_p 从当前值逐渐减小，直至系统振荡消失。记录此时的 k_p，设定 PID 的比例系数 k_p 为当前值的 60%～70%。

（2）确定积分时间常数 T_i。先设定一个较大的积分时间常数 T_i。然后 T_i 逐渐减小，直至系统出现振荡。反过来，T_i 逐渐增大，直至系统振荡消失。记录此时的 T_i，设定 PID 的积分时间常数 T_i 为当前值的 150%～180%。再对系统空载、带载联调，对 PID 参数进行微调，直到满足性能要求。

（3）观察实验现象，记录并思考。通过将测量出的移动机器人底盘轮子的速度与程序中的速度反馈数值进行对比，判定速度调试的准确性。速度环 PID 调试界面如图 3-4-34 所示。

速度环调节 PID 时，如果振荡过大，应调节哪个参数？为什么？

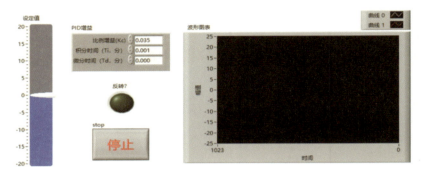

图 3-4-34　速度环 PID 调试界面

活动三：电机位置 PID 闭环控制程序编写与调试

本活动通过使用相关控制方法，对移动机器人底盘轮子的精准位移进行控制，使实际位移与目标位移无偏差。

程序的编写在速度环 PID 程序的基础上进行部分修改。

1. 读取编码值，位置环 PID 通过累计编码值表示所走的距离，即位置环 PID 的过程变量，所以在循环周期内无须每次重置编码计数，如图 3-4-35 所示。

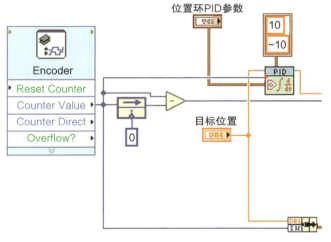

图 3-4-35　读取编码值

2. 进行 PID 参数调节，如图 3-4-36 所示。

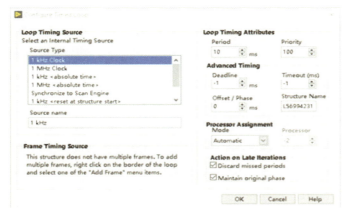

图 3-4-36　PID 参数调节界面

想—想

速度环 PID 的设定值范围是多少？

注意事项

　　函数中的微分时间要与定时循环的周期一致，均为 10 ms。由于位置环 PID 输出为速度，因此其范围设定为 0 ~ 10，再加上方向，输出范围设定为 -10 ~ 10，将输出速度作为速度环 PID 的设定值。

3. 通过捆绑函数将目标位置与目前的编码值捆绑在一起显示，形成直观的比较，便于调节 PID。位置环 PID 前面板如图 3-4-37 所示。位置 PID 闭环控制程序框图如图 3-4-38 所示。

想—想

为什么要使用捆绑函数？

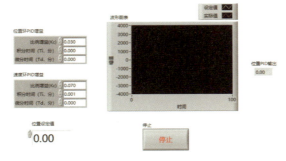

图 3-4-37　位置环 PID 前面板

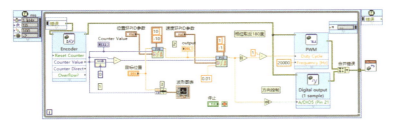

图 3-4-38　位置 PID 闭环控制程序框图

4. 当电机成功运行后，调节不同 P 值（位置环 PID 调节中只需对 P 值进行调节）。具体步骤如下：

（1）确定比例系数 k_p。先令 I 和 D 为 0，将目标值（目标位置）设定为 1000。然后 k_p 由 0 开始，以 0.01 为单位逐渐增大。观察波形图表，若临近目标值时速度变慢，则比例增益过小；若临近目标值时机身抖动，当前编码值在设定值之间不断变化，则比例增益过大。调节到满足性能要求后，记录此时的 k_p。

（2）观察实验现象，记录并思考。通过将测量出的移动机器人底盘轮子的移动距离与程序中的设定数值进行对比，判定位置调试的准确性。位置环 PID 调试界面如图 3-4-39 所示。

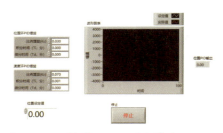

图 3-4-39 位置环 PID 调试界面

1. 依据世界技能大赛相关评分细则，本任务的评分标准详见下表，总分为 10 分。

表 3-4-1 任务评价表

序号	评价项目	评分标准	分值	得分
1	电机运行速度控制	电机速度可通过程序界面控制得分	2	
2	电机运行方向控制	电机方向可通过程序界面控制得分	2	
3	电机转 3 圈	启动后电机自动转 3 圈后停止，超过或少于 3 圈不得分	2	
4	机器人向前移动 1 m	机器人位移误差在 1 cm 内得分	2	
5	机器人转 3 圈	启动后机器人自动转 3 圈后停止，超过或少于 3 圈不得分	2	

2. 对任务评价表中的失分项目进行分析，并写出错误原因。

_____

_____

_____

_____

一、直流减速电机的控制方式

H 桥的控制主要分为近似方波控制、脉冲宽度调制（PWM）和级联多电平控制。

近似方波控制的输出波形比正负交替方波多了一个零电平，谐波成分大为减少，但与脉冲宽度调制和级联多电平控制相比仍然较高，须配合使用滤波器。

脉冲宽度调制分为单极性和双极性。随着开关频率的升高，输出电压电流波形趋于正弦，谐波成分减小。但是高开关频率会带来开关损耗大、电机绝缘压力大、发热等一系列问题。

级联多电平控制采用级联 H 桥的方式，使同等开关频率下谐波失真降到最小，甚至无须使用滤波器，从而获得良好的近似正弦输出波形。

二、常见的编码器

编码器按读出方式可分为接触式和非接触式。

编码器按工作原理可分为增量式和绝对式。增量式编码器是将位移转换成周期性的电信号，再把电信号转换成计数脉冲，用脉冲的个数表示位移的大小。绝对式编码器的每一个位置对应一个确定的数字码，因此它的值只与测量的起始和终止位置有关，与测量的中间过程无关。编码器一般安装在普通直流电机的轴端，用于采集旋转了多少角度。

编码器按码盘的刻孔方式可分为增量型和绝对值型。增量型编码器就是每转过一个单位的角度就发出一个脉冲信号（也有发正余弦信号，然后对其进行细分，发出频率更高的脉冲），通常为 A 相、B 相、Z 相输出。A 相、B 相为相互延迟 1/4 周期的脉冲输出，根据延迟关系可区别正反转，而且通过取 A 相、B 相的上升沿和下降沿可进行 2 或 4 倍

想一想

近似方波控制的输出波形为什么需要配合使用滤波器？

频；Z相为单圈脉冲，即每圈发出一个脉冲。绝对值型编码器就是对应一圈，每个基准的角度发出一个唯一与该角度对应二进制的数值，通过外部记圈器件可进行多个位置的记录和测量。

编码器按信号输出类型可分为电压输出、集电极开路输出、推拉互补输出和长线驱动输出。

编码器按机械安装形式可分为有轴型和轴套型。有轴型又可分为夹紧法兰型、同步法兰型和伺服安装型等。轴套型又可分为半空型、全空型和大口径型等。

编码器按工作原理可分为光电式、磁电式和触点电刷式。

三、PID控制的组成部分

想一想

P控制主要控制什么？

比例（P）控制是一种最简单的控制方式，其控制器的输出与输入误差信号成比例关系。P的意思就是"倍数"，指要把这个偏差放大多少倍。放大本身就是一个比例。例如，编码器当前的速度为20 m/s，设定的速度为50 m/s。这时如果设定P为0.1，那么输出的电机速度PWM则为当前PWM+0.1×20。但是P单独控制也有缺点，就是会有误差，且误差会保持不变。P控制与误差的关系如图3-4-40所示。

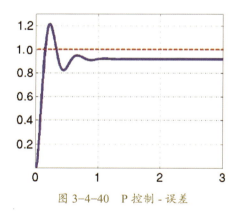

图3-4-40　P控制-误差

积分（I）控制中，I是一个积分运算。若系统只在P的控制下，就会产生偏差。而I的积分运算是把这些偏差累加起来，到达一定大小后进行处理，以防止系统误差的累积。

PI的组合控制可以消除误差。一般来说，直流电机使用PI控制便已足够。但其他系统只使用PI控制有一个缺点——超调。PI控制与误差的关系如图3-4-41所示。

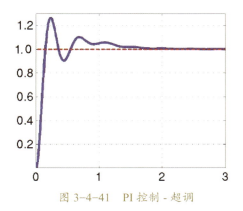

图 3-4-41　PI 控制 - 超调

微分（D）控制中，D 积分控制就是对变量进行求导，得到一个量的变化率。PID 的微分部分能将变量的变化率放入计算中。使用 PID 组合计算，就能减少超调，加快进入稳态。PID 控制如图 3-4-42 所示。

想一想

如果 D 积分控制参数设置过大，会产生波形震荡还是进入稳态过慢？

图 3-4-42　PID 控制

　**思考与练习**

1. 如何实现用一个速度控件和方向控件同时控制两个直流电机？

2. 循环周期在 PID 控制中的作用将对控制产生什么影响？

3. 技能训练：编写程序，在电机转速控制的基础上加上方向控制。设置滑动杆的范围为 -1 ~ 1，电机转速随滑动杆数值（绝对值）增大而增加，且当滑动杆数值大于 0 时，电机正转，滑动杆数值小于 0 时，电机反转。

4. 技能训练：使用 PID 控制直流电机，实现电机精准旋转 720°。

任务5　底盘运动功能实现

学习目标

1. 能利用移动机器人运动学正向解和逆向解编写程序。
2. 能编写基于坐标的机器人移动程序。
3. 能使用基于坐标系的运动使机器人精准移动。
4. 能在操作中严格遵守安全文明规程，防止机器人在移动时发生碰撞。

情景任务

　　在上一任务中已对底盘直流电机进行调试，但还无法使移动机器人自动准确地到达指定位置。在本任务中，需要对机器人的全向轮进行编程，赋予它能自主判断的"大脑"，建立机器人坐标，使其能够自动准确地到达指定位置。

思路与方法

一、移动机器人三轮运动学正向解的特点和工作原理是什么？

　　建立移动机器人的运动学模型，指以局部坐标系（机器人本身）和全局坐标系的关系，表示移动机器人自身的速度和角度，以及两个坐标系之间的角度差等。通过这一模型，在理想条件下即可控制机器人准确抵达全局坐标系上的每一个坐标点。电机速度与机器人坐标转化如图3-5-1所示。

图3-5-1　电机速度转化为机器人坐标

想一想

常用的坐标系有哪些？

　　要想精确控制移动机器人的运动（即电机的转速），首先要知道移动机器人的位置。移动机器人的位置通常用坐标表示，运动学正向解就是通过计算，将机器人轮子的转速换算成机器人在世界坐标系中的位置坐标,如图 3-5-2 所示。

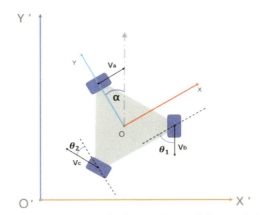

图 3-5-2　移动机器人相对于世界坐标系中的位置分解

知道电机的转速、轮子的半径和三个轮子的位置关系后,可使用正交分解,将三个速度 V_a、V_b、V_c 换算为移动机器人坐标系中的线速度 V_x、V_y 和角速度 ω。然后经过三角换算,得到世界坐标系中移动机器人的线速度 V'_x、V'_y 和角速度 W(其中角速度 W 与 ω 相等)。再各自求积分,便可知道移动机器人在世界坐标 x′、y′ 下的位置及其转向角度 ω。

想一想

机器人运动学正向解和逆向解有什么区别?

二、移动机器人三轮运动学逆向解的特点是什么?

运动学逆向解就是求出移动机器人到达某个坐标位置时各电机运行的速度和角度,一般通过计算,将机器人在世界坐标系中移动的位置坐标换算成机器人轮子的转速(角度、方向)。机器人坐标与电机速度转化如图 3-5-3 所示。

图 3-5-3　机器人坐标转化为电机速度

机器人相对于世界坐标系中的位置分解如图 3-5-2 所示。

世界坐标系中移动机器人的线速度 V'_x、V'_y 和角速度 W 与移动机器人坐标系中的线速度 V_x、V_y 和角速度 ω 间的换算关系如下:

$V_x = V'_x\cos\alpha - V'_y\sin\alpha$

$V_y = V'_x\sin\alpha - V'_y\cos\alpha$

$\omega = W$

得到矩阵:

$$\begin{bmatrix} V_x \\ V_y \\ \omega \end{bmatrix} = \begin{bmatrix} \cos\alpha & -\sin\alpha & 0 \\ \sin\alpha & -\cos\alpha & 0 \\ 0 & 0 & 1 \end{bmatrix} \cdot \begin{bmatrix} V'_x \\ V'_y \\ W \end{bmatrix}$$

将得到的线速度、角速度和三个轮子的转速进行换算：

$$\begin{bmatrix} V_a \\ V_b \\ V_c \end{bmatrix} = \begin{bmatrix} 1 & 0 & L \\ \cos\theta_1 & -\sin\theta_1 & L \\ \sin\theta_2 & \cos\theta_2 & L \end{bmatrix} \cdot \begin{bmatrix} \cos\alpha & -\sin\alpha & 0 \\ \sin\alpha & -\cos\alpha & 0 \\ 0 & 0 & 1 \end{bmatrix} \cdot \begin{bmatrix} V'_x \\ V'_y \\ W \end{bmatrix}$$

化简后得到世界坐标系中移动机器人底盘整体运动速度，再换算为机器人各电机速度：

$$\begin{bmatrix} V_a \\ V_b \\ V_c \end{bmatrix} = \begin{bmatrix} \cos\alpha & -\sin\alpha & L \\ \cos\theta_1\cos\alpha - \sin\theta_1\sin\alpha & \sin\theta_1\cos\alpha - \cos\theta_1\sin\alpha & L \\ \sin\theta_2\cos\alpha + \cos\theta_2\sin\alpha & -\sin\theta_2\sin\alpha - \cos\theta_2\cos\alpha & L \end{bmatrix} \cdot \begin{bmatrix} V'_x \\ V'_y \\ W \end{bmatrix}$$

三、myRIO 机器人工具包中有哪些运动框架？

myRIO 机器人工具包中的运动框架包括框架与电机转化工具包、框架与轮子转化工具包，这里的框架指的是机器人整体移动信息，比如机器人要向前移动 1 m，则电机运行的速度和角度是多少，轮子运行的速度和角度是多少，这些都需要用到框架（移动位置信息）与电机（速度、角度信息）、框架与轮子（速度、角度信息）的相互转化。在 myRIO 中可使用坐标的工具包分别输入三个轮子实测的数据进行计算。选择 Robotics Algorithms 下的 Steering，即可找到 myRIO 机器人运动框架工具包。机器人运动框架工具包如下表所示。

表 3-5-1　myRIO 机器人工具包函数

配置框架		生成轮式转向架
框架转电机		计算满足转向架中心的转向架速度或弧速所需的每个电机的速度和角度
电机转框架		计算满足每个电机的速度和角度所需的转向架速度或弧速
框架转轮子		计算满足转向架中心的转向架速度或弧速所需的每个车轮的状态
轮子转框架		计算满足每个车轮状态所需的转向架速度或弧速
画出框架二维图		创建一个可以连接到 2D 图像控件的图像，以显示前面板上的转向架

移动机器人框架参数设置如图 3-5-4 所示。

想一想

若将移动机器人轮系更换为麦克纳姆轮底盘框架，应如何设置？

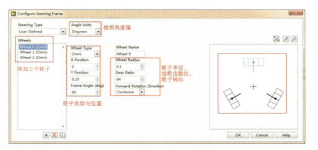

图 3-5-4　移动机器人框架参数设置

由于一部分电脑使用 Configure 函数时存在无法运行的情况，因此推荐使用底层函数来编写框架，这样可以让程序更稳定、快速地运行。

想一想

为什么要使用底层函数来编写框架？

四、机器人移动程序的编写流程是什么？

首先从编码器读取计算得到的编码速度出发，运用运动学正向解，求得移动机器人目前所在的坐标，然后把当前坐标和目标坐标进行比较，再运用运动学逆向解，让移动机器人抵达指定位置。控制机器人移动流程如图 3-5-5 所示。

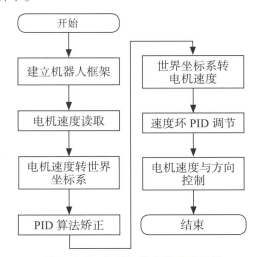

图 3-5-5　控制机器人移动流程图

活动一：移动机器人自行移动到指定坐标点程序编写

1. 配置 Configure 函数，点击右键将其转换为子 VI，转换完成后双击进入子 VI，可看见使用底层函数编写的框架，其中的参数与所配置的一一对应，按照其写法即可完成使用底层函数来编写框架，如

图 3-5-6 所示。

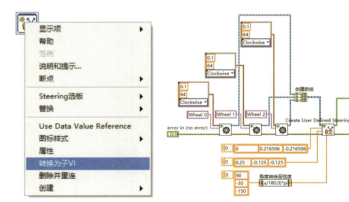

图 3-5-6 使用底层函数编写框架

练一练

按照活动一的步骤配置 Configure 函数。

注意事项

　　首先建立三个 Omni 轮，其中半径与齿轮齿数比为 0.1 ∶ 64，轮子转向为 Clockwise。通过创建数组函数，将三个轮子的数据以数组的形式输入 Create User Defined Steering Frame.vi。然后输入三个轮子坐标的 x 轴位置与 y 轴位置。最后输入轮子的角度，通过公式换算成弧度输入 Create User Defined Steering Frame.vi 即可完成框架的编写。

2. 使用 myRIO Encoder 快速 VI，按照轮子的顺序读取三个轮子的编码值，前面板如图 3-5-7 所示。电机速度程序框图如图 3-5-8 所示。

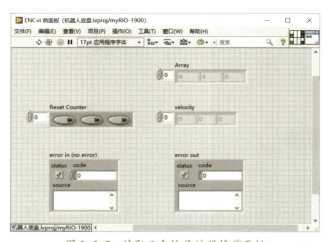

图 3-5-7　读取三个轮子编码值前面板

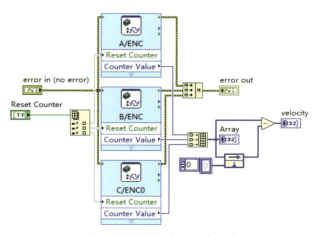

图 3-5-8　电机速度程序框图

> **注意事项**
>
> 　　根据定义，单位时间内走过的路程即速度，通过相减得到编码速度，编码速度可视作电机的转速。编码速度经过转化和换算成为移动机器人坐标系中的线速度和角速度。一轮为 A/ENC，二轮为 B/ENC，三轮为 C/ENC0。

3. 将编码速度乘以 K 值（K 表示误差值，设为 0.1695），然后输入到 motors to frame VI，将电机速度转化为框架坐标，将角速度 ω 索引出来后，经过不断累加（积分）可转化成世界方向角，即移动机器人相对于世界坐标的夹角。电机速度转世界坐标系程序前面板如图 3-5-9 所示。电机速度转世界坐标系程序框图如图 3-5-10 所示。

想一想

为什么要将轮子的角度转换成弧度？

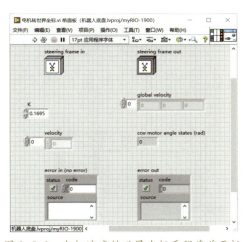

图 3-5-9　电机速度转世界坐标系程序前面板

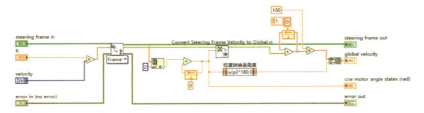

图 3-5-10　电机速度转世界坐标系程序框图

> ### 注意事项
>
> 　　由于世界坐标系中的角速度与移动机器人的角速度相等，无须通过子函数转换，因此直接将其通过积分运算，代替世界坐标数组第三个元素，便得到了移动机器人当前世界坐标下的转向 W′，如图 3-5-11 所示。

想一想

如何将框架坐标转换为世界坐标？

　　使用 Convert Steering Frame Velocity to Global vi 将框架坐标转换至世界坐标得到世界速度后，通过不断累加（积分）可转换成世界坐标。此时，便得出了移动机器人当前的世界坐标 x′ 和 y′。

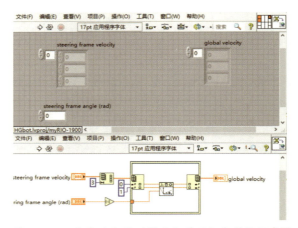

图 3-5-11　框架坐标转世界坐标前面板和整体程序图

　　4. 设定目标位置，运用位置环 PID 算法，矫正输出的世界速度，如图 3-5-12 所示。

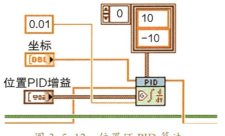

图 3-5-12　位置环 PID 算法

5. 将矫正输出的世界坐标系转换回框架坐标系，使用 Frame to motors vi 将框架坐标转化至电机速度，判断输出的电机速度是否超过所设置的最大速度，若超过则进行对应的转化。世界坐标系转电机速度程序前面板如图 3-5-13 所示。世界坐标系转电机速度程序框图如图 3-5-14 所示。

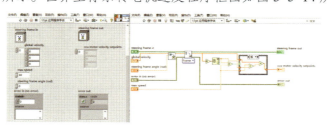

图 3-5-13　世界坐标系转电机速度程序前面板

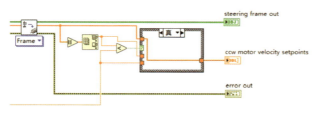

图 3-5-14　世界坐标系转电机速度程序框图

6. 参考直流电机速度 PID 闭环控制，对输出的电机速度分别进行速度环 PID 调节，如图 3-5-15 所示。

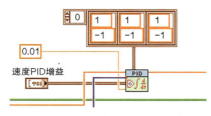

图 3-5-15　速度环 PID 调节

7. 处理速度环 PID 的输出值结果，即可同时控制 PWM 的大小和电机须转动的方向，如图 3-5-16 所示。

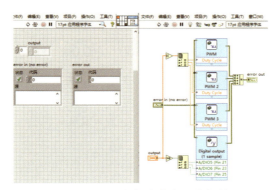

图 3-5-16　电机速度与方向控制

想一想

PID 算法矫正的目的是什么？

想一想

如何处理速度环 PID 的输出结果？

想—想

为什么要使用10 ms的定时循环？定时循环时间应如何设置？

8. 建立一个时间为 10 ms 的定时循环，将上面的子 VI 与 PID 调节持续运行。坐标控制程序框图如图 3-5-17 所示。

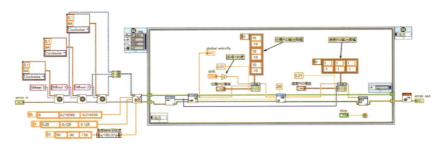

图 3-5-17　坐标控制程序框图

活动二: 移动机器人自行移动到指定坐标点程序调试

1. 将全向轮移动机器人各零件组装好，连接 myRIO。

2. 测量移动机器人中心到三个轮子中心的距离和它们之间的位置关系、轮子半径等，分别填写到程序中。

3. 编写程序，连接好电池，设定初始 PID 数值，尝试启动程序，看能否正常运行。

4. 若移动机器人能正常运行，首先调节三个轮子的速度环 PID，参考直流电机速度 PID 闭环控制。

5. 然后调节位置环 PID，在程序界面输入目标坐标数值，要求移动机器人在最短时间内稳定地到达指定坐标点，误差控制在 1 cm 内。调试界面如图 3-5-18 所示。

提示

请按照右面所示步骤进行调试，并注意 PID 控制中移动机器人的状态。

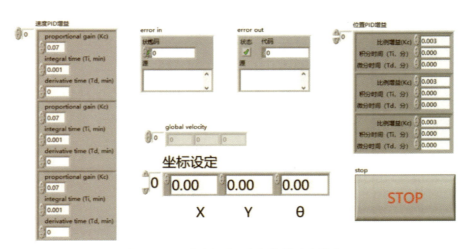

图 3-5-18　移动机器人坐标控制调试界面

 **总结评价**

1. 依据世界技能大赛相关评分细则，本任务的评分标准详见下表，总分为 10 分。

表 3-5-2　任务评价表

序号	评价项目	评分标准	分值	得分
1	机器人移动时，查看电机编码值	机器人移动时，程序界面中能看到电机编码值变化得分	1	
2	通过坐标控制机器人向左平移 1 m	误差在 1 cm 以内得分	2	
3	通过坐标控制机器人向右平移 1 m	误差在 1 cm 以内得分	1	
4	通过坐标控制机器人前进 1 m	误差在 1 cm 以内得分	2	
5	通过坐标控制机器人后退 1 m	误差在 1 cm 以内得分	1	
6	通过坐标控制机器人顺时针旋转 180°	误差在 5° 以内得分	2	
7	通过坐标控制机器人逆时针旋转 180°	误差在 5° 以内得分	1	

2. 对任务评价表中的失分项目进行分析，并写出错误原因。

_____

_____

_____

_____

拓展学习

移动机器人 SLAM 技术

SLAM（Simultaneous Localization and Mapping）是即时定位与地图构建，其原理是通过传感器对周围环境进行扫描，然后构建一个和真实环境一致的地图，同时对机器人位置进行定位，规划一条正确的路径，最终引导机器人安全到达指定的目的地。

SLAM 主要有两种方式：一种是激光导航，即通过激光 LiDAR 传感器快速扫描周围环境，然后生成地图；另一种是视觉导航，即通过摄像头对周边的图像进行采集，利用算法生成地图和运行路径。目前，两种方式各有优劣，也有厂家采用多种传感器的方式，以实现更高标准的导航。

激光导航 LiDAR SLAM 通过多个激光传感收发器照亮物体，从而测量到物体（如墙壁或椅子等）的距离。每个收发器快速发射脉冲光，并对反射的脉冲进行测量，以确定障碍的位置和距离。

由于光的传播速度很快，只有高性能的激光传感器才能成功测出目标的精确距离，因此 LiDAR 成为一种快速而准确的方法。不过，使用 2D LiDAR 时，可能会因为物体遮挡导致信息丢失。3D 激光传感器虽然能够解决这一问题，但成本十分高昂。

视觉导航 Visual SLAM（vSLAM）是一种基于计算机视觉的技术，主要用于室内定位导航。其原理是通过视觉摄像机拍摄周围的图像，然后计算出周围环境的位置和方向，也就是对未知环境进行地图构建，从而帮助移动机器人导航。

视觉导航的优点是摄像头相对较便宜，无须承担大量的成本，此外可通过图像分辨出周边物体的纹理，从而识别出人、动物或其他物体。

视觉导航在运算过程中需要大量的硬件资源，图像所占的储存空间大，运算起来较复杂，开发难度也较大。此外，视觉传感器容易受光线影响产生错误的影像，比如在较暗的环境下不容易识别环境。

总之，LiDAR SLAM 更快、更准确，但成本也更高。vSLAM 更具成本效益，可使用价格便宜的摄像头，并具有 3D 地图的潜力，但运行速度较慢，精确度也不及前者。

思考与练习

1. 如何编写坐标控制子 VI 程序？
2. 技能训练：按照移动机器人的运行反方向来实现坐标控制。
3. 技能训练：在程序上加上摄像头，从而能在 LabVIEW 前面板上直观地看到移动机器人在运动过程中查看当前环境的图像。

任务 6　巡线功能实现

学习目标

1. 能使用数字滤波处理数据。
2. 能编写移动机器人巡线程序。
3. 能使用灰度传感器实现移动机器人巡线。
4. 能在操作中严格遵守安全文明规程，防止机器人在移动时发生碰撞。

情景任务

在上一任务中已对底盘进行运动控制，使移动机器人能够到达指定坐标位置，但机器人在运行过程中有时必须沿着一些固定的标线行走。现在需要将灰度传感器与运动控制相结合，实现移动机器人的巡线行走，并使它在巡到黑色标线后自动停止。

思路与方法

一、灰度传感器的作用是什么？

灰度传感器又称 QTI 传感器（Quick Track Infrared Sensor），译为快速跟踪红外传感器，是由光电管结合外围电路构成的红外循迹传感器。单个灰度传感器模块一般由一个红外发射管和一个红外接收管及外围电路构成，如图 3-6-1 所示。

想一想

红外传感器与灰度传感器的区别是什么？

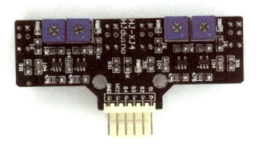

图 3-6-1　灰度传感器

二、灰度传感器的输出信号属于什么类型？

灰度传感器的输出信号分为两种：一种是数字信号，即高低电平；另一种是连续的模拟信号。灰度传感器的阈值就是传感器能够明显区分出黑白线的信号临界点，用于判定检测到的是黑线还是白线。

通常，输出数字信号的灰度传感器的阈值只能通过外围电路的滑阻来调节，确切地说，就是调节电路中比较器的比较电压。而输出模拟信号的灰度传感器通常只需处理红外接收管接收到的信号强度，对信号进行简单的无源滤波处理后输出，即可得到模拟量信号。处理模拟量信号时可通过软件进行阈值调节，根据实际的环境进行阈值的软件设定。

三、机器人巡线程序的编写流程是什么？

首先需要读取灰度传感器的模拟量，由于直接读取后发现数据抖动非常严重，因此需要对数据进行处理，然后将数据与根据实际环境测出的阈值进行对比，从而判断移动机器人是否在黑线上，然后视不同的检测情况进行相应的占空比输出，控制移动机器人的运动。机器人巡线运动控制流程如图 3-6-2 所示。

图 3-6-2　机器人巡线运动控制流程图

四、如何处理灰度传感器的模拟量数据抖动？

想一想

为什么会出现数据抖动？

获取的灰度传感器的模拟量数据，因进来的电压数据有严重的抖动，必须进行抖动处理。可采用常见的取平均值方法，即从一段时间内的值中取平均值作为该区间的值，再使用一个先进先出的队列计算均值。

从 LabVIEW 中的"即时帮助"可以了解到，X 接入要处理的数据，采样长度输入队列的长度（要用多少个数进行均值处理）。初始化接入 T 时清空队列均值输出滤波处理后的数据。均值（逐点）函数图标说明如图 3-6-3 所示。

均值（逐点）
[NI_PtbyPt.lvlib:Mean PtByPt.vi]

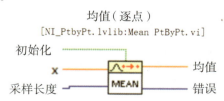

计算采样长度指定的输入数据点的均值或平均值。如值小于采样长度，VI 使用该值计算均值。

图 3-6-3　均值（逐点）函数图标说明

活动

活动一：控制器引脚设置

1. 在程序框图的函数选板中选择 myRIO 下的 Analog In，如图 3-6-4 所示。

> **注意事项**
>
> 由于使用的是模拟量信号传感器，因此可通过放置快速 VI 来进行编程。

图 3-6-4　模拟量读取

2. 选择端口 A/AI0—A/AI3，如图 3-6-5 所示。

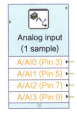

图 3-6-5　端口选择

想一想

为什么要使用 A/AI0—A/AI3 端口？

活动二：数据处理

1. 引用均值（逐点）函数，如图 3-6-6 所示。

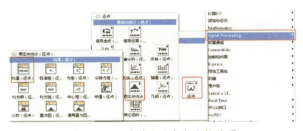

图 3-6-6　均值（逐点）函数位置

2. 加入均值功能，设置采样长度为 10，也可根据实际情况设置其他采样长度，即可得到相对平稳的数据，如图 3-6-7 所示。

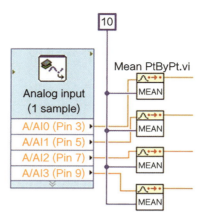

图 3-6-7　信号处理

3. 由于输出的是模拟量，因此必须进行阈值设定，将获取的传感器数据与阈值进行对比，判断是黑线还是白线。当传感器的值大于设定的阈值时，就认为检测到黑线，否则认为检测到白线，如图 3-6-8 所示。

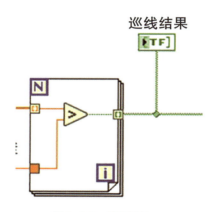

图 3-6-8　阈值判断

活动三：QTI 检测与判断

1. 完成阈值判断后，使用布尔数组至数值转换函数对不同情况进行分析。若移动机器人沿着黑线行驶，当黑线处于机器人正中时，四个 QTI 传感器均识别到黑线，则两个电机的频率和占空比相等，正转速度相同，直线行驶，所以四个 QTI 传感器输出均为 TRUE，在布尔数组至数值转换函数的转换后进入 16 的分支，两个电机占空比赋值为 0.5。直线行驶 QTI 阈值如图 3-6-9 所示。

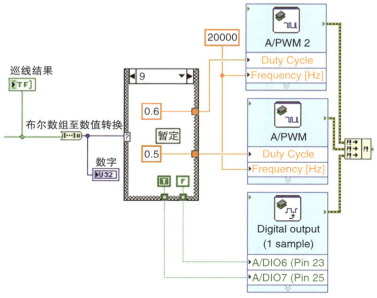

图 3-6-9　直行程序

2. 当移动机器人偏右时，一共有三种情况：第一种为仅机器人左侧第一个 QTI 巡到黑线，即分支 1；第二种为机器人左侧两个 QTI 巡到黑线，即分支 3；第三种为仅机器人右侧第一个 QTI 巡不到黑线，即分支 7。这三种情况下，机器人右轮速度均应大于左轮速度，但要根据偏离程度输入差值。三种情况下设置 QTI 如图 3-6-10 所示。

想一想

为什么要进行阈值设置？

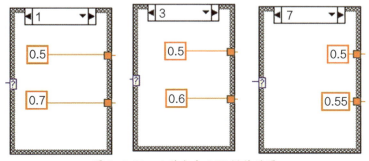

图 3-6-10　三种分支 QTI 阈值设置

3. 当移动机器人偏左时，一共有三种情况：第一种为仅机器人右侧第一个 QTI 巡到黑线，即分支 8；第二种为机器人右侧两个 QTI 巡到黑线，即分支 12；第三种为仅机器人左侧第一个 QTI 巡不到黑线，即分支 14。这三种情况下，机器人左轮速度均应大于右轮速度，但要根据偏离程度输入差值。三种情况下设置 QTI 如图 3-6-11 所示。

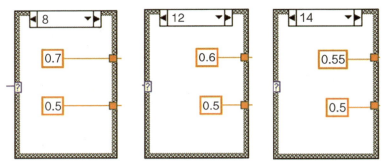

图 3-6-11　三种分支 QTI 阈值设置

想一想

如果机器人停止运动，可能是什么原因？

4. 当 QTI 均未巡到黑线或出现其他情况时，均走默认分支 0，即移动机器人停止运动，如图 3-6-12 所示。

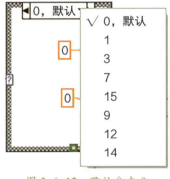

图 3-6-12　默认分支 0

5. 最后将各程序模块集合起来，即可完成移动机器人巡线程序的编写，如图 3-6-13 所示。

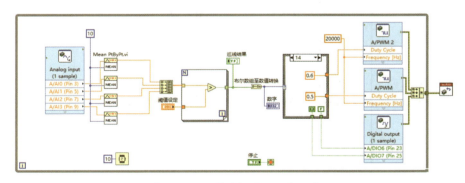

图 3-6-13　移动机器人巡线程序

6. 在测试场地设置直线型黑线，让移动机器人进行巡线测试，观察巡线效果。

巡线开始前，先使用灰度传感器分别读取黑线与白线的模拟量数据，然后取平均值作为程序的阈值。

在运动的过程中,移动机器人很有可能会偏离黑线,此时应对出现不同偏离程度时两个轮子的速度差进行多次调试,直到机器人能沿着黑线行驶,并在巡线行走时不出现左右摆动。移动机器人巡线调试如图3-6-14所示。

图 3-6-14 移动机器人巡线调试

想一想

移动机器人巡线时容易受到哪些因素的干扰?

 **总结评价**

1. 依据世界技能大赛相关评分细则,本任务的评分标准详见下表,总分为 10 分。

表 3-6-1 任务评价表

序号	评价项目	评分标准	分值	得分
1	机器人巡到黑线停止	机器人巡到黑线后自动停止得分	2	
2	机器人巡到黑线,指示灯闪烁	机器人巡到黑线后指示灯闪烁得分	2	
3	机器人沿直线自动行走	机器人移动过程中不出线,出线 1 次扣 1 分	3	
4	机器人沿 S 形曲线自动行走	机器人移动过程中不出线,出线 1 次扣 1 分	3	

2. 对任务评价表中的失分项目进行分析,并写出错误原因。

_____

_____

_____

_____

颜色传感器

提示

颜色传感器是否可应用于光面材质（如玻璃）的颜色识别？

颜色传感器是通过将物体颜色与前面已示教过的参考颜色进行比较来检测颜色的装置。当两个颜色在一定的误差范围内相吻合时，即可输出检测结果。

颜色传感器对相似颜色和色调的检测可靠性较高。它是通过测量构成物体颜色的三基色的反射比率来实现颜色检测的。由于这种颜色检测法精密度极高，因此传感器能准确区极其相似的颜色，甚至是相同颜色的不同色调。

一般传感器都有红、绿、蓝三种光源。三种光通过同一透镜发出后被目标物体反射。光被反射或吸收的量值取决于物体的颜色。颜色传感器如图3-6-15所示。

图3-6-15　颜色传感器

传感器有两种测量模式。一种是分析红、绿、蓝光的比例。因为检测距离的变化只会引起光强的变化，三种颜色的光的比例不变，所以在目标出现机械振动的场合也可检测。另一种是利用红、绿、蓝三基色的反射光强度来实现检测目的。这种模式有助于对微小颜色的判别，但传感器会受目标机械位置的影响。无论应用哪种模式，大多数传感器都有导向功能，非常容易设置。这种传感器大都有内建的某种形式的图表和阈值，可用于确定操作特性。

1. 如何在程序中加入速度环PID进行巡线调节？

2. 技能训练：修改程序，加快巡线速度，使移动机器人快速完成巡线任务。

3. 技能训练：修改程序，加上超声波传感器，使移动机器人在检测到前方有障碍物时自动停止。

模块四

移动机器人目标管理系统功能实现

在模块三中，移动机器人已能行走并避障，但还无法执行具体的工作任务。现在需要让它能够按照要求识别信息、抓取物体、搬运物体和放置物体。

移动机器人目标管理系统示意图如图 4-0-1 所示。

图 4-0-1　移动机器人目标管理系统示意图

任务 1　视觉功能实现

学习目标

1. 能连接摄像头并正确使用视觉助手工具软件。
2. 能编写图像采集程序。
3. 能实现移动机器人对颜色的识别。
4. 能实现移动机器人对条码的识别。
5. 能实现移动机器人对形状的识别。
6. 能在操作中做到精益求精，降低识别误差率。

情景任务

在模块三中已实现移动机器人的移动和避障，但要想使它能够准确地辨识物体、识别信息，还需要使用视觉摄像头。在本任务中，需要对视觉传感器进行编程，使机器人能够准确识别物体的颜色、条码、形状等。

思路与方法

一、移动机器人如何进行图像识别？

机器视觉是一门涉及人工智能、神经生物学、计算机科学、图像处理、模式识别等诸多领域的交叉学科，主要指用计算机模拟人的视觉功能，从客观事物的图像中提取信息，进行处理并加以理解，最终用于检测、测量和控制。简单地说，机器视觉就是用机器代替人眼来测量和判断，通过光学装置和非接触式传感器自动地接收和处理一个真实物体的图像，进而分析获得所需的关键信息，如图 4-1-1 所示。

机器视觉的应用前景非常广阔，大家所熟知的应用领域有自动驾驶、无人机控制、服务机器人、工业自动化检测等。

查一查

尝试查找机器视觉的相关资料。

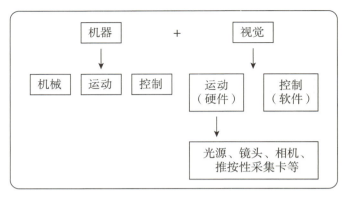

图 4-1-1　机器视觉的组成

二、如何选择视觉摄像头？

想—想

摄像头的作用
是什么？

摄像头是机器视觉系统中的一个关键组件，其最本质的功能就是将光信号转变为有序的电信号。选择合适的摄像头也是机器视觉系统设计的一个重要环节，摄像头不仅决定了采集到的图像分辨率、图像质量等，还与整个系统的运行模式直接相关。

涉及摄像头的技术参数主要有摄像头分辨率、焦距、最小工作距离、最大像面、视场 / 视场角、景深、光圈及其接口类型等。在选择摄像头时，须先将这些参数与需要的条件进行比对筛选，同时应注意摄像头物理接口的选择。若暂不考虑预算，可从以下几方面进行筛选：

（1）根据项目要求和机器视觉成像系统模型，确定摄像头的传感器尺寸及分辨率；

（2）确定摄像头的输出方式及标准（模拟 / 数字、色彩、速率等）；

（3）确定摄像头物理接口及电器接口；

（4）确定摄像头其他性能指标。

筛选是在项目预算范围内综合各种技术指标，最大限度地满足项目需求的过程。在实践中，应视具体情况灵活应变，积累经验。

本任务选用 Microsoft LifeCam Cinema 摄像头，如图 4-1-2 所示，通过将 myRIO 与 USB 摄像头连接，即可实现采集图像的功能。

图 4-1-2　Microsoft LifeCam Cinema 摄像头

该摄像头的具体参数如下：

（1）对焦方式：自动对焦；

（2）对焦范围：4 倍数码变焦；

（3）视频图像：Clear Frame 技术可提供流畅的 1280×720 30 FPS 视频拍摄体验（即最大分辨率为 1280×720，最大帧频为 30 FPS）；

（4）其他特点：内置降噪麦克风。

三、移动机器人看到的图像属于什么类型？

数字图像是指以数字方式存储的图像。将图像在空间上离散化，量化存储每一个离散位置的信息，即可得到最简单的数字图像。

像素是构成数字图像的基本单位，如 600×300 像素，即横向有 600 个像素，纵向有 300 个像素，其中左上角为原点（0，0），向右为 x 正方向，向下为 y 正方向。

根据每个像素所代表的信息，可将图像分为彩色图像、灰度图像、二值图像。

彩色图像中，每个像素由 R、G、B 三个分量表示，通道默认取值范围为 0～255。

灰度图像中，每个像素只有一个采样颜色，通常显示为从最暗的黑色到最亮的白色的灰度，通道默认取值范围为 0～255。

二值图像的每个像素点只有两种可能，0 代表黑色，1 代表白色。

一幅数字图像有分辨率、清晰度、平面数量三个基本属性。

分辨率指每英寸图像内有多少个像素点。图像的分辨率越高，所包含的像素就越多，图像就越清晰，但这同时也会增加文件占用的存储空间。

清晰度指图像可看色度的数量。

平面数量相当于组成图像的像素数组数量，比如灰度图像或二值图像由一个平面组成，彩色图像由三个平面组成。

想一想

不同类型的图像有什么区别？

四、如何实现颜色识别？

基于目标颜色的彩色图像分割常包括色彩阈值处理和色彩分割两种方法。色彩阈值处理即对图像在色彩空间中的三个分量分别进行阈值处理，并返回一幅 8 位的二值图像。色彩分割则通过对比图像中各像素与其周围像素的色彩特征，或对比其与经训练得到的色彩分类器信息，将图像按色彩分割成不同的标记区域。色彩阈值处理常用于从图像中分割仅有某一种颜色的目标。色彩分割则常用于从杂乱的背景中标记出具有多种颜色的目标，并对其进行机器视觉检测或计数。

五、如何实现条码识别？

查一查

尝试查找二维码工作原理的相关资料。

条码是将宽度不等的多个黑条和白条按照一定的编码规则排列以表达一组信息的图形标识符。常见的条码是由反射率相差很大的黑条（简称条）和白条（简称空）排成的平行线图案。条码可标出生产国、制造厂家、商品名称、生产日期、图书分类号、邮件起止地点、类别、日期等许多信息，因而在商品流通、图书管理、邮政管理、银行系统等诸多领域都得到了广泛的应用。

条码技术是在计算机应用中产生发展起来的一种广泛应用于商业、邮政、图书管理、仓储、工业生产过程控制、交通运输、包装、配送等领域的自动识别技术，最早出现于 20 世纪 40 年代。

条码自动识别系统由条码标签、条码生成设备、条码识读器和计算机组成。

六、移动机器人实现视觉功能的编程思路是什么？

想一想

如果 myRIO 连接摄像头不成功，应如何调节参数？

首先将摄像头通过 USB 线连接到 myRIO，然后将 myRIO 连接至电脑，打开 NI MAX 查看摄像头是否成功连接，同时调节其参数。连接成功后，打开 NI 视觉助手，选择 Acquire Images 获取图像，最后在工具栏中保存图像即可。机器人实现视觉功能的具体流程如图 4-1-3 所示。

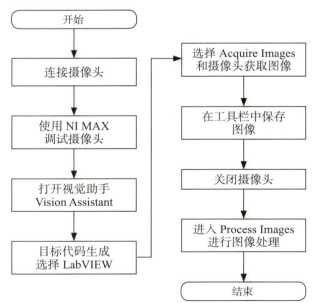

图 4-1-3　机器人实现视觉功能流程图

七、什么是图像采集函数？图像采集程序的编写流程是什么？

图像采集函数 NI-IMAQdx 模块是内置的函数模块。右键点击程序框图，选择"函数"下的"视觉与运动"，即可找到 NI-IMAQdx 模块，如图 4-1-4 所示。

想一想

采集图像需要哪几个步骤？

图 4-1-4　NI-IMAQdx 模块

NI-IMAQdx 模块中包含的函数如下表所示。

表 4-1-1　NI-IMAQdx 模块函数

名称	函数	功能
Open	Camera Control Mode Session In ──── Session Out error in ──── error out	打开摄像头
Configure Grab	Session In ──── Session Out error in ──── error out	配置摄像头
Snap	Timeout (ms) Session In ──── Session Out Image In ──── Image Out error in ──── error out	单帧获取图像
Grab	Timeout (ms) Session In ──── Session Out Image In ──── Image Out Wait for Next Buffer? (Yes) ──── Buffer Number Out error in ──── error out	连续获取图像
Close	Session In ──── error in ──── error out	关闭摄像头

由于图像需要缓冲区来储存，因此可按照以下步骤对所有创建的图像内存缓冲区。点击"视觉与运动"，选择 Vision Utilities 下的 Image Management，即可找到 IMAQ Create，如图 4-1-5 所示。

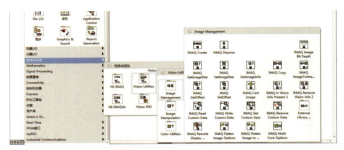

图 4-1-5　图像缓冲区

Image Name 必须是唯一的，它代表此特定内存的名字，这块内存将会被写入或覆盖多次而不产生新的内存分配。简单地说，就是一个对该物理内存的引用，用于储存该图像。IMAQ Create 函数如图 4-1-6 所示。

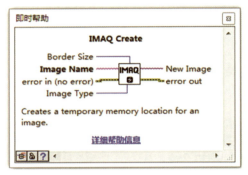

图 4-1-6　IMAQ Create 函数

想一想

IMAQ Dispose VI 的作用是什么？

IMAQ Create VI 的作用是为图像创建临时内存空间。IMAQ Dispose VI 的作用是消除图像并释放 IMAQ Create VI 所创建的临时内存空间，当应用中不需要图像时，可执行 IMAQ Dispose VI，且必须在 IMAQ Create VI 创建图像之后使用。一幅图像从子 VI 传递到主 VI，此时若子 VI 中调用了 IMAQ Dispose VI，则内存图像数据被清除，主 VI 就无法获取图像的内存数据，该图像也就无法再被处理或显示。IMAQ Dispose VI 函数如图 4-1-7 所示。

想一想

IMAQ Create 函数和 LabVIEW 中的图像采集函数有什么区别？

IMAQ Dispose VI

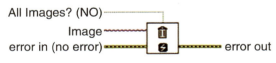

图 4-1-7　IMAQ Dispose 函数

要想实现图像的连续采集，需要熟悉 LabVIEW 中的图像采集函数，打开摄像头并进行配置，创建采集图像所需的缓冲区。因为要实现连续采集，所以须使用 While 循环使程序持续运行，在 While 循环内建立采集函数即可，程序停止后要关闭摄像头，防止资源被占用和释放。

图像采集的具体流程如图 4-1-8 所示。

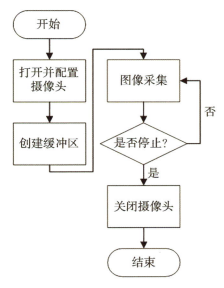

图 4-1-8　图像采集流程图

八、颜色识别程序的编写流程是什么？

可通过色彩阈值处理法来实现对小球的颜色识别，并获取其面积与坐标。首先使用 NI 视觉助手获取图像，然后进行阈值处理，选择合适的色彩空间模式，调节三个分量的阈值。调节完阈值后，图像会出现不同程度的背景干扰，此时须进行粒子处理，使图像尽可能完整，再通过粒子分析得到其坐标与面积大小。生成 LabVIEW 代码，参考之前学过的 LabVIEW 编程图像采集，修改程序实现图像连续采集。颜色识别的具体流程如图 4-1-9 所示。

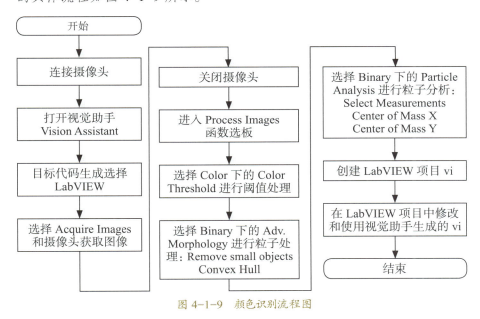

图 4-1-9　颜色识别流程图

九 条码识别程序的编写流程是什么？

可先对条码进行图像采集。由于条码识别须使用灰度图，因此将 RGB 图像转成灰度图，再使用视觉助手中的 Barcode Reader 函数，代码生成后与连续图像采集程序结合即可。条码识别的具体流程如图 4-1-10 所示。

图 4-1-10　条码识别流程图

十、形状识别程序的编写流程是什么？

首先获取该二维码的图像，将图像进行灰度化，然后选择模板匹配函数进行图像识别，再对要识别的形状进行模板新建，将新建的模板文件放到 myRIO 中，最后将 NI 视觉助手中的处理步骤生成 LabVIEW 代码，与连续图像采集程序结合即可。形状识别的具体流程如图 4-1-11 所示。

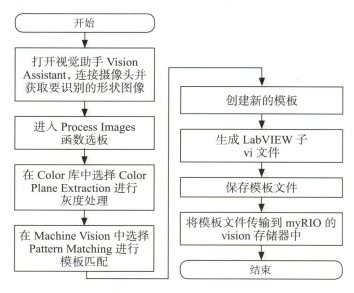

图 4-1-11　形状识别流程图

活动

活动一：摄像头的连接和视觉助手工具软件的使用

1. 硬件连接摄像头，打开 NI MAX，点击远程系统，对应连接上的 myRIO，选择"设备与接口"下的 cam0，如图 4-1-12 所示。

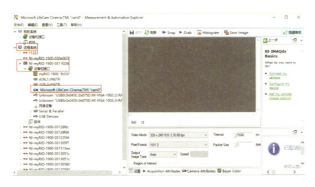

图 4-1-12　检测摄像头

2. 点击 Grab 即可连续获取图像，如图 4-1-13 所示。

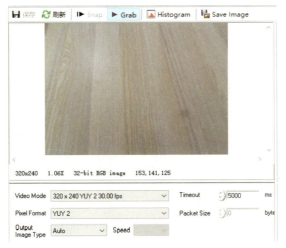

图 4-1-13　连续获取图像

想—想

如果获取图像不成功，应如何调节参数？

注意事项

可通过 NI MAX 软件对摄像头拍摄模式进行设置。在设置摄像头分辨率时，要综合考虑 myRIO 的运行速度和图像清晰度。分辨率越高，图像越清晰，但 myRIO 被占用的内存会增大，运行速度会降低；分辨率越低，图像越模糊，识别图像就容易出错。

3. 点击"开始"菜单下的"所有程序"选择 National Instruments 下的 Vision，再选择 Vision Assistant，在弹出的界面选择 LabVIEW，如图 4-1-14 所示。

图 4-1-14　语言选择

4. 打开 Vision Assistant，默认进入图像处理界面，如图 4-1-15 所示。

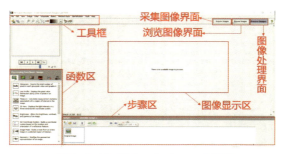

图 4-1-15　Vision Assistant 主界面

步骤区用于显示不同的处理脚本，双击每一个步骤可修改参数。图像显示区用于显示原图像和处理函数后的图像。

想一想

可以选择其他设备吗？

5. 选择 Acquire Images 设备，如图 4-1-16 所示。

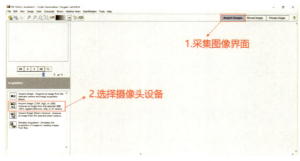

图 4-1-16　摄像头选择

6. 点击 Target，在下拉选项中选择 Select Network Target，输入 myRIO 的 IP 地址，如图 4-1-17 所示。

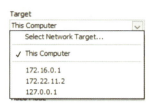

图 4-1-17　IP 地址输入

想一想

myRIO 的 IP 地址应如何设置？

> **注意事项**
>
> 　　myRIO 与电脑通过 USB 线连接时，IP 地址为 172.22.11.2；通过 Wi-Fi 连接时，IP 地址则为 172.16.0.1。（若下拉选项已有 IP 地址，直接选择即可）

7. 若摄像头连接无误，会出现摄像头名称，再点击"连续获取"，即可通过视觉助手获取图像，如图 4-1-18 所示。

图 4-1-18　图像获取

8. 点击 Store Acquired Image in Browser 按钮，将获取的图像存储在视觉助手中，然后点击 File 中的 Save Image，即可保存采集到的图像，如图 4-1-19 所示。

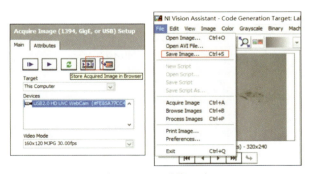

图 4-1-19　图像保存

9. 图像采集完成后，点击 Close 关闭摄像头，如图 4-1-20 所示。

图 4-1-20　摄像头关闭

想一想

如何选择图像
分辨率？

10. 点击右上角的 Process Images 进行图像处理，如图 4-1-21 所示。

图 4-1-21　进入图像处理界面

活动二：图像采集程序编写

想一想

test 缓冲区的
作用是什么？

1. 对摄像头进行初始化，即打开并选择摄像头，然后进行摄像头的配置，同时新建一个名为 test 的缓冲区，如图 4-1-22 所示。

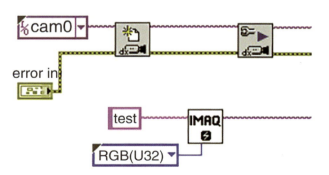

图 4-1-22　摄像头初始化及新建缓冲区

2. 建立一个 While 循环，放置 IMAQdx Snap vi 进行图像连续采集，在前面函数面板 VISION 中新建一个 Image Display 显示控件显示图像, 如图 4-1-23 所示。

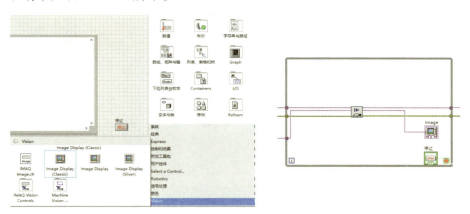

图 4-1-23　图像采集

3. 关闭摄像头, 释放资源, 如图 4-1-24 所示。

图 4-1-24　摄像头关闭

4. 连接程序。图像连续采集程序前面板和框图如图 4-1-25 所示。

试一试

请对采集到的图像进行分析。

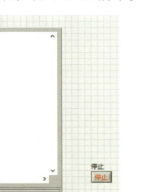

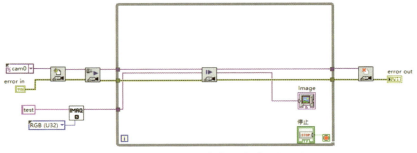

图 4-1-25　图像连续采集程序前面板和框图

5. 点击"运行"，移动摄像头，观察 Image 控件，如图 4-1-26 所示。

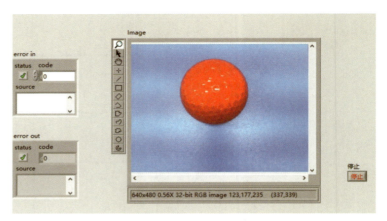

图 4-1-26　连续图像采集

活动三：颜色识别

1. 摄像头采集彩色图像，具体操作参考活动一中的"视觉助手工具软件的使用"。

2. 选择 Color 下的 Color Threshold 进行阈值处理，如图 4-1-27 所示。

查一查

尝试查找色彩阈值处理方法的相关资料。

图 4-1-27　"色彩阈值"选项

注意事项

　　色彩阈值处理是对彩色图像的三个平面应用阈值进行处理，并将结果放置到一幅 8 位的图像中。也就是说，通过为 Red、Green、Blue 三个参数设置恰当的阈值，对彩色图像进行二值化处理，从而区分需要识别的目标物体和多余背景。

3. 调节 Red、Green、Blue 三个参数，具体步骤如下：

（1）选中需要识别的目标物体；

（2）图像显示框实现目标物体和多余背景初步分离；

（3）调整上限和下限的范围，使其处于黑色区域内。

具体过程如图 4-1-28 所示。

想一想

阈值调节应参照什么标准？

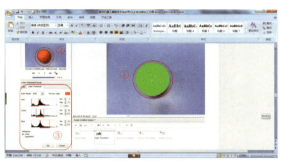

图 4-1-28　阈值调节

注意事项

　　阈值调节就是把目标物体颜色和背景颜色之间的颜色阈值调节出来，使机器人只能识别目标物体颜色。尤其要注意尽量不要使背景颜色值带入目标物体中，否则机器人很容易因受到干扰导致误判。拍摄图像时注意光线明暗、其他颜色灯光的干扰等问题。

---

4. 对阈值处理后的图像进行粒子处理，进一步减少背景对目标物体的干扰，具体步骤如下：

（1）选择 Binary 下的 Adv. Morphology 进行粒子处理，如图 4-1-29 所示。

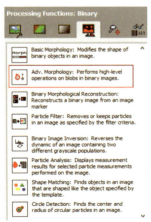

图 4-1-29　"Adv. Morphology" 选项

（2）点击 Remove small objects，去除小目标，如图 4-1-30 所示。

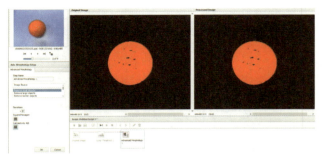

图 4-1-30　Remove small objects

（3）再选择 Binary 下的 Adv. Morphology，点击 Convex Hull，对目标物体里的小坑进行填充，如图 4-1-31 所示。

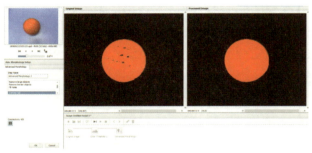

图 4-1-31　Convex Hull

想一想

为完成识别小球的任务，应如何设置参数？

5. 选择 Binary 下的 Particle Analysis 进行粒子分析，点击 Select Measurements，选择 Center of Mass X 和 Center of Mass Y 即可得到坐标，如图 4-1-32 所示。

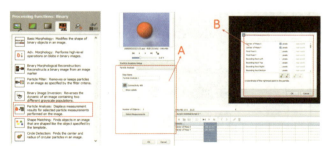

图 4-1-32　粒子分析参数选择

注意事项

抓取小球之前首先需要知道小球的坐标位置，此处选择 Center of Mass X 和 Center of Mass Y，机器人便可得到 X 和 Y 的坐标值。

6. 使用视觉助手创建 LabVIEW 程序，具体步骤如下：

（1）在助手上方菜单栏点击 Tools，选择 Create LabVIEW VI，如图 4-1-33 所示。

图 4-1-33　创建 LabVIEW 程序

（2）选择视觉助手的脚本，可直接点击 Next 进入下一步，如图 4-1-34 所示。

图 4-1-34　选择图像资源

（3）选择图像资源，点击 Image Acquisition（摄像头获取图像），如图 4-1-35 所示。

想一想

可以选择其他选项吗？

图 4-1-35　摄像头获取图像

（4）勾选前面板的输入及显示控件，点击"完成"即可生成 LabVIEW 程序，如图 4-1-36 所示。

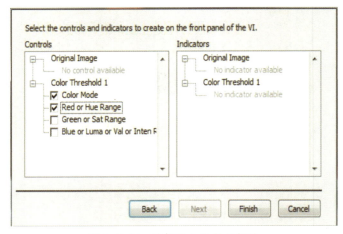

图 4-1-36　选择输入和显示控件

想一想

图像颜色识别程序为什么要加入图像连续采集代码？

7. 连接程序。颜色识别程序框图如图 4-1-37 所示。

由于生成的程序只能进行一次图像采集，因此需要加入图像连续采集的代码（参考 LabVIEW 编程图像采集知识点），同时在前面板新建一个用于显示原图像的显示控件。

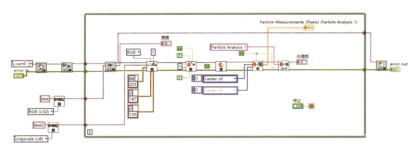

图 4-1-37　颜色识别程序框图

8. 点击"运行"，在摄像头前放置一个红球，观察两个显示控件，测试结果如图 4-1-38 所示。

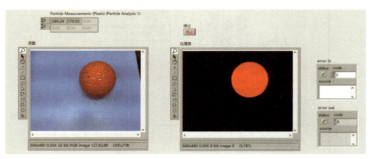

图 4-1-38　测试结果

注意事项

　　如果运行后的显示控件没有显示内容，右键点击"显示控件"，选择 Palette 下的 Binary，如图 4-1-39 所示。

想一想

颜色识别有哪几个步骤？

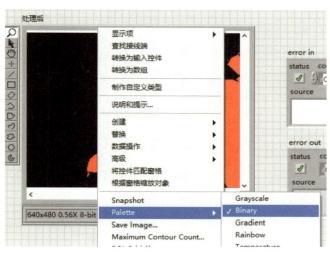

图 4-1-39　显示控件设置

　　在摄像头前放置一个蓝球与一个红球，观察两个显示控件，测试结果如图 4-1-40 所示。

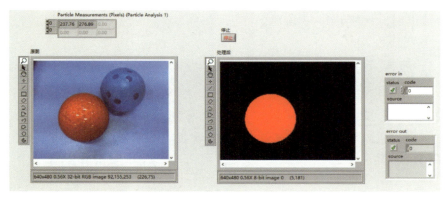

图 4-1-40　测试结果

活动四：条码识别

　　1. 摄像头采集条码图像，具体操作参考活动一中的"视觉助手工具软件的使用"。

　　2. 点击 Color，选择 Color Plane Extraction 进行颜色提取，如图 4-1-41 所示。颜色提取效果如图 4-1-42 所示。

图 4-1-41 "颜色提取"选项　　　　　图 4-1-42 颜色提取效果

注意事项

　　颜色提取条码识别必须在灰度图像中进行，因此在匹配前先进行颜色提取（可提取三种原色的其中一种），使其从彩色图像变为灰度图像。

想一想

如果条码识别不成功，应如何调节参数？

　　3. 点击 Identification，选择 Barcode Reader，即可完成一维条码的自动识别，如图 4-1-43 所示。

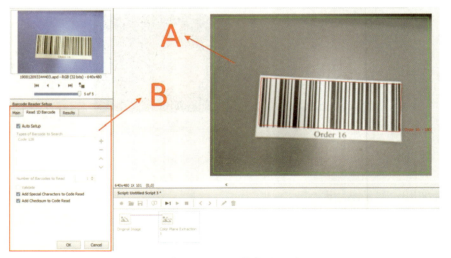

图 4-1-43 一维条码识别

　　A 为条码区域，可手动调节。B 即 Barcode Type，一维条码类型，包含 Codabar、Code39、Code93、Code128、EAN8、EAN13、Interleaved

2 of 5、MSI UPCA、Pharmacode、GSI Data Bar（RSS Limited）等格式。

Validate 即选择校验和代码。当条码类型是 Codabar、Code39 或 Interleaved 2 of 5 时，条码中可能包含这样一个校验和代码（但大多数时候是不包含的），如果包含，可以将这些选项使能。

Add Special Characters to Code Read 即添加专用字符到条码。当使用 Codabar、Code128、EAN8、EAN13 和 UPCA 条码时，可使用此选项添加专用字符。

Add Checksum to Code Read 即添加校验和到条码。

Minimum Score 即最小分值，条码有效的最小值范围为 0～1000。为了计算分值，函数会权衡竖条和间隔相对于字符尺寸的错误。

Region profile 即区域剖面图，Coderead 即读取的条码。

4. 条码图像设置完成后，使用视觉助手创建 LabVIEW 程序，然后与图像连续采集程序结合，即可识别条码。条码识别程序框图如图 4-1-44 所示。

试一试

请使用视觉助手创建 LabVIEW 程序，进行条码识别。

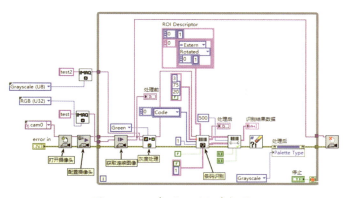

图 4-1-44　条码识别程序框图

5. 点击"运行"，在摄像头前放置一个条码，观察显示控件。若 Complete Data 显示出条码信息，则成功；若无法显示，需要重新拍照采样进行图像处理，如图 4-1-45 所示。

图 4-1-45　测试结果

活动五：形状识别

1. 摄像头采集形状图像，具体操作参考活动一中的"视觉助手工具软件的使用"。

2. 颜色提取模板匹配必须在灰度图像中进行，因此在匹配前先进行颜色提取（可提取三种原色的其中一种），使其从彩色图像变为灰度图像，如图4-1-46所示。

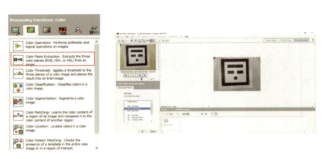

图4-1-46　模板提取

3. 模板匹配的具体步骤如下：

（1）点击 Machine Vision，选择 Pattern Matching 进行模板匹配，点击 New Template 新建模板，如图4-1-47所示。

想一想

新建的模板应如何命名？

图4-1-47　模板匹配

（2）框选所要识别模板的位置，点击"完成"，保存模板文件即可，如图4-1-48所示。

图4-1-48　模板新建

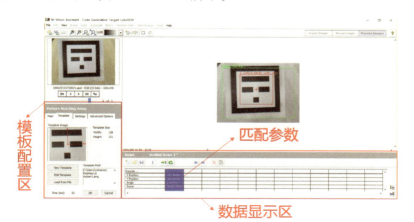

（3）选择配置好的模板图像进行匹配，如图 4-1-49 所示。使用视觉助手识别二维码，如图 4-1-50 所示。

图 4-1-49　模板匹配

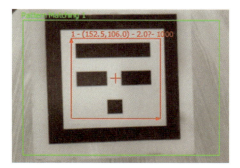

图 4-1-50　匹配信息

想—想

形状识别有哪几个步骤？

4. 在视觉助手中直接创建 LabVIEW 程序，再加上图像采集程序，模板匹配程序的整体框架就已经写好。形状识别程序框图如图 4-1-51 所示。

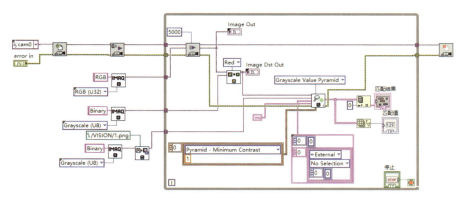

图 4-1-51　形状识别程序框图

5. 在 myRIO 上运行程序，具体步骤如下：

（1）把程序添加到 myRIO 项目下。把模板文件传输到 myRIO 的存储器中，打开 NI MAX，点击"文件传输"，选择 VISION 文件夹，把模板文件放到 VISION 文件夹，如图 4-1-52 所示。

试一试

请按照右面的步骤，在 myRIO 上运行程序。

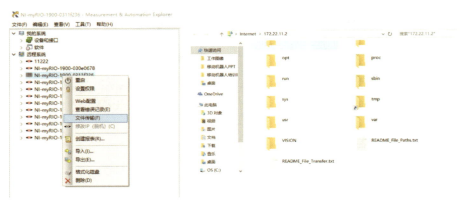

图 4-1-52　添加程序到 myRIO

注意事项

若点击"文件传输"后以网页形式打开，则在 myRIO 上进行 Legacy FTP Server 的安装即可，如图 4-1-53 所示。

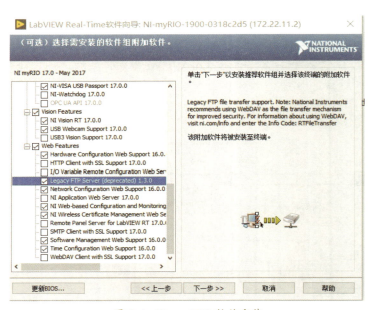

图 4-1-53　myRIO 软件安装

（2）需要将模板文件添加到 myRIO 中，并在程序框图中把模板文件路径改成与 myRIO 相对应的路径。

6. 点击"运行"，在摄像头前放置一个二维码，观察显示控件。若识别到错误的二维码，匹配值为 0；若识别到正确的二维码，匹配值为 1，如图 4-1-54 所示。

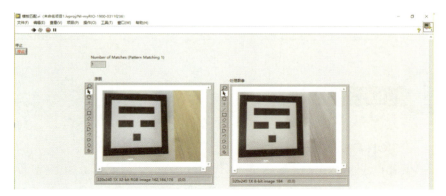

图 4-1-54　测试结果

想一想

如果形状识别不成功，应如何修改程序或参数？

 **总结评价**

1. 依据世界技能大赛相关评分细则，本任务的评分标准详见下表，总分为 10 分。

表 4-1-2　任务评价表

序号	评价项目	评分标准	分值	得分
1	机器人对形状的识别	机器人能够正确识别出圆形球体，识别错误 1 次扣 0.5 分	2.5	
2	机器人对颜色的识别	机器人能够正确识别出小球的颜色，识别错误 1 次扣 0.5 分	2.5	
3	机器人对条码的识别	机器人能够正确识别出条码的信息，识别错误 1 次扣 0.5 分	2.5	
4	机器人对二维码的识别	机器人能够正确识别出二维码的信息，识别错误 1 次扣 0.5 分	2.5	

2. 对任务评价表中的失分项目进行分析，并写出错误原因。

_____

_____

_____

_____

拓展学习

一、Vision Assistant 函数区

想—想

Image 函数中各功能模块适用于什么情况？

Vision Assistant 函数区包含 Image（图像）、Color（彩色图）、Grayscale（灰度图）、Binary（二值图）、Machine Vision（机器视觉）、Identification（识别）等功能。

Image 功能函数表如下表所示。

表 4-1-3　Image 功能函数表

Image 选板功能函数	
Histogram	直方图
Line Profile	线剖面图
Measure	测量
3D View	3D 视图
Brightness	亮度
Set Coordinate System	设置坐标系统
Image Mask	图像屏蔽
Geometry	几何学
Image Buffer	图像缓存
Get Image	打开图像
Image Calibration	图像校准
Calibration from Image	从图像校准
Image Correction	图像校正
Overlay	覆盖
Run LabVIEW	运行 LabVIEW VI

Color 功能函数表如下表所示。

表 4-1-4 Color 功能函数表

Color 选板功能函数	
Color Operators	彩色运算
Extract Color Planes	提取彩色平面
Color Threshold	彩色阈值
Color Classification	颜色分类
Color Segmentation	颜色分割
Color Matching	颜色匹配
Color Location	颜色定位
Color Pattern Matching	颜色模板匹配

想—想

Color 函数中各功能模块适用于什么情况?

Grayscale 功能函数表如下表所示。

表 4-1-5 Grayscale 功能函数表

Grayscale 选板功能函数	
Lookup Table	查找表
Filters	滤波器
Gray Morphology	灰度形态学
FFT Filter	傅里叶滤波器
Threshold	阈值
Watershed Segmentation	分水岭分割
Operator	运算
Conversion	转换类型
Quantify	定量分析
Centroid	质心
Detect Texture Defects	纹理缺陷检测

Binary 功能只能处理二值化后的图像。Binary 功能函数表如下表所示。

表 4-1-6　Binary 功能函数表

Binary 选板功能函数	
Basic Morphology	基础形态学
Adv. Morphology	高级形态学
Particle Filter	粒子过滤
Binary Image Invertion	反转二值图像
Particle Analysis	粒子分析
Shape Matching	形状匹配
Circle Detection	圆检测

想一想

二值图像与彩色图像有什么区别?

Machine Vision 功能函数表如下表所示。

表 4-1-7　Machine Vision 功能函数表

Machine Vision 选板功能函数	
Edge Detector	边缘检测
Find Straight Edge	找直边
Adv. Straight Edge	高级直边
Find Circular Edge	找圆边
Clamp	夹钳
Pattern Matching	模板匹配
Geometric Matching	几何匹配
Contour Analysis	轮廓分析
Shape Detection	形状分析
Golden Template Comparison	金板比对
Caliper	卡尺

Identification 功能函数表如下表所示。

表 4-1-8　Identification 功能函数表

Identification 选板功能函数	
OCR/OCV	字符识别 / 字符验证
Particle Classification	零件分类
Barcode Reader	读取一维条码
Data Matrix Reader	读取二维条码
Data Matrix	二维条码
QR Code Reader	读取 QR 二维条码
PDF417 Code Reader	读取 PDF417 堆叠式二维条码

想—想

Indentification 函数中各功能模块适用于什么情况？

二、黄金模板比较

在工业环境中，如果图像背景可控，可通过将图像的减法运算和阈值处理相结合，快速有效地建立机器视觉系统。将同一目标在不同时间拍摄的图像或在不同波段的图像相减，即可获得图像的差影。图像差影可用于动态监测、运动目标的检测和跟踪、图像背景的消除及目标识别等。差影技术还可用于消除不必要的叠加图像，将混合图像中主要的信息分离出来。

虽然使用图像减法运算检测缺陷的原理较为简单，但要想直接使用它对缺陷进行检测，参与运算的图像必须满足非常严格的条件，现实中任何图像错位、图像畸变、图像灰度变化或噪声等问题都会影响缺陷检测的结果。黄金模板比较正是基于图像减法运算，综合应用图像对准、投影畸变矫正、灰度差异处理及忽略部分边缘等措施，在实际工业环境中进行目标缺陷检测的一种方法。该方法通过离线或在线为图像匹配和黄金模板比较创建公用模板，可有效地检测并标记被测目标图像中的缺陷。

 思考与练习

1. 如何同时识别出蓝球和红球？
2. 如何将识别出的条码信息进行存储记录？
3. 技能训练：加入延时功能，实现每隔 1s 采集一张图像。
4. 技能训练：使用形状识别方法进行球类识别。

任务2　抓放球功能实现

学习目标

1. 能编写抓球和放球程序。
2. 能实现移动机器人抓球的动作。
3. 能实现移动机器人放球的动作。
4. 能在操作中做到精益求精，不可发生碰撞。

情景任务

在之前的任务中，移动机器人已经能够辨识二维码信息和小球颜色了，现在需要使移动机器人根据识别的信息，通过抓放球机构实现目标小球的准确抓取和放置。

思路与方法

一、抓放球系统是如何工作的？

想一想

移动机器人还有其他的抓放球方法吗？

移动机器人首先通过视觉功能识别条码，确定要抓取的目标小球信息，定位目标小球的具体位置，然后根据坐标系统，自动行走到目标小球前方，调整自身与小球的直接距离，通过套筒前端铝件直接向下扣球，即可实现球体的抓取。

抓取到目标小球后若要放球，则通过摄像头舵机拉动套筒绳子，让套筒前端铝件打开，球体即自动坠落。

二、抓放球程序的编写流程分别是什么？

移动机器人抓放球的具体流程如图 4-2-1、图 4-2-2 所示。

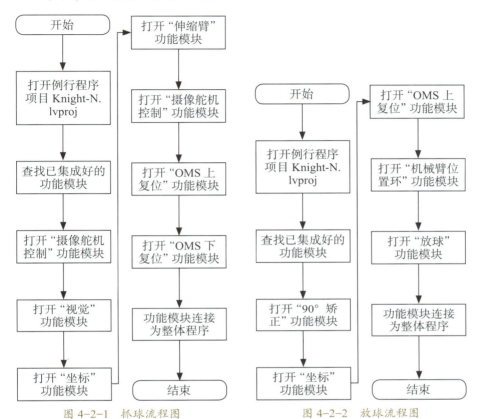

图 4-2-1 抓球流程图   图 4-2-2 放球流程图

想一想

放球程序控制机器人的哪个部分？

 **活动**

活动一：移动机器人的抓球

1. 打开例行程序项目 Knight-N.lvproj，在项目视图中打开 Main.vi，如图 4-2-3 所示。

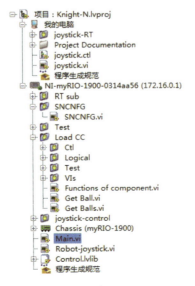

图 4-2-3 打开 Main.vi

163

2. 进入 Main.vi 后可看到已经集成好的功能模块，如图 4-2-4 所示。

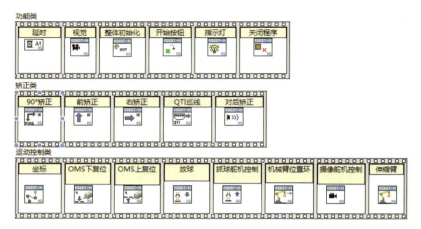

图 4-2-4　功能模块图

3. 拖动"摄像舵机控制"功能模块到主界面，并设置舵机角度控制参数为 0.02，使机器人调整摄像头角度至与条码平行，可观察到条码，如图 4-2-5 所示。

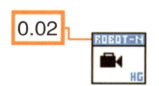

图 4-2-5　"摄像舵机控制"功能模块

想一想

设置 RGB 参数为（0.186，0.98，60，255），这代表什么意思？

4. 拖动"视觉"功能模块到主界面，并设置 RGB 参数为（0.186，0.98，60，255），使机器人能够识别条码信息，确认小球类型，如图 4-2-6 所示。

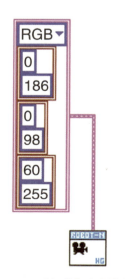

图 4-2-6　"视觉"功能模块

5. 拖动"坐标"功能模块到主界面,并设置参数为(10,20),使机器人移动到目标小球坐标位置,如图 4-2-7 所示。

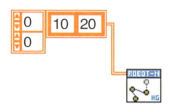

图 4-2-7 "坐标"功能模块

试一试

请在主界面使用功能模块,并设置相应参数,实现抓球功能。

6. 拖动"伸缩臂"功能模块到主界面,并设置参数为 0.03,使机器人的机械臂伸出至球体上方,如图 4-2-8 所示。

图 4-2-8 "伸缩臂"功能模块

7. 拖动"摄像舵机控制"功能模块到主界面,并设置舵机角度控制参数为 0.05,使机器人调整摄像头角度,对目标小球进行视觉再确认,如图 4-2-9 所示。

图 4-2-9 "摄像舵机控制"功能模块

8. 拖动"OMS 上复位"功能模块到主界面,并设置参数,使机器人的机械臂升高至球体上方,如图 4-2-10 所示。

图 4-2-10 "OMS 上复位"功能模块

9. 拖动"OMS 下复位"功能模块到主界面,并设置参数,使机器人的机械臂下降进行抓球,如图 4-2-11 所示。

图 4-2-11 "OMS 下复位"功能模块

10. 将各功能模块连接起来，即可完成抓球程序的编写，如图 4-2-12 所示。

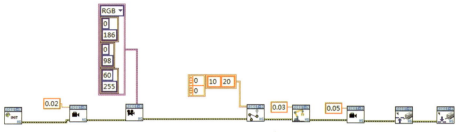

图 4-2-12 抓球程序图

活动二：移动机器人的放球

1. 拖动"90° 矫正"功能模块到主界面，并设置参数，使机器人调整到标准姿态，便于移动到放球地点，如图 4-2-13 所示。

图 4-2-13 "90° 矫正"功能模块

想一想

在参数设置为（10，20）的情况下，若机器人实际移动到放球位置偏上，应如何处理？

2. 拖动"坐标"功能模块到主界面，并设置参数为（10，20），使机器人移动到放球坐标位置，如图 4-2-14 所示。

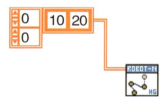

图 4-2-14 "坐标"功能模块

3. 拖动"OMS 上复位"功能模块到主界面，并设置参数，使机器人的机械臂升高至放球点上方，如图 4-2-15 所示。

图 4-2-15 "OMS 上复位"功能模块

4. 拖动"机械臂位置环"功能模块到主界面，并设置参数为 30，使机器人的机械臂升高至球体上方，与上限位距离 30 cm，如图 4-2-16 所示。

图 4-2-16　"机械臂位置环"功能模块

5. 拖动"放球"功能模块到主界面，并设置参数，使机器人释放球体，如图 4-2-17 所示。

图 4-2-17　"放球"功能模块

想—想

移动机器人放球时容易受到哪些因素的干扰？

6. 将各功能模块连接起来，即可完成放球程序的编写，如图 4-2-18 所示。

图 4-2-18　放球程序图

 **总结评价**

1. 依据世界技能大赛相关评分细则，本任务的评分标准详见下表，总分为 10 分。

表 4-2-1　任务评价表

序号	评价项目	评分标准	分值	得分
1	抓球机械臂伸出	伸出到位，能到达小球正上方，不到位扣 1 分	1	
2	抓球机械臂升高	升高到位，能到达小球正上方，不到位扣 1 分	1	
3	抓球机械臂下降	下降到位，能接触到小球并抓取，失败 1 次扣 1 分	3	
4	90° 矫正	调整到标准姿态，姿态不标准扣 1 分	1	

（续表）

序号	评价项目	评分标准	分值	得分
5	移动到放球位置	位置精准，零误差，位置错误扣1分	1	
6	放球机械臂升高	升高到位，能到达放置点正上方，不到位扣1分	1	
7	放球	放球到放置点，失败1次扣1分	2	

2. 对任务评价表中的失分项目进行分析，并写出错误原因。

_____

_____

_____

_____

 拓展学习

舵机的种类

想一想

摆缸式转舵机构的优点和缺点分别是什么？它一般适用于什么场合？

完整的操舵装置称为舵机，使用最多的是电液舵机。电液舵机通常由电液伺服阀、作动筒和反馈元件等组成。其中，电液伺服阀由力矩电动机和液压放大器组成，作动筒（又称液压筒或油缸）由筒体和运动活塞等组成。

现行的电液舵机转舵机构主要有摆缸式、转叶式、拨叉式三种结构类型。

摆缸式转舵机构主要包括双作用油缸和舵柄，其中油缸与舵柄及船体采用铰接连接方式，舵柄安装在舵轴上，这样可将油缸活塞的直线运动通过舵柄转化为舵轴的旋转运动，从而控制舵叶的角度，达到控制方向的目的。事实证明，随着转舵角的增加，船舶须克服的转舵力矩也不断增加，因此摆缸式转舵机构的力矩匹配性非常差。在加工制造方面，油缸缸体与活塞要求具备较高同轴度，端面密封及活塞密封的要求较高。实际使用过程中，一旦铰接点磨损较大，机构在工作中会出现撞击。此外，为适应缸体的摆动，必须采用口径较大的高压软管。但摆缸结构也有一些优点，比如外形较小、质量轻、布置灵活，因此在中小转矩范围内仍得以广泛应用。

转叶式转舵机构直接与舵轴安装在一起，类似液压马达直接安装

在驱动轴上，不需要舵柄，因此如果工作油液压力不变，其输出转舵力矩为定值，与转舵角无关。转叶式舵机具有易于集成、安装方便、转角范围宽的优点，但加工制造精度要求高，密封技术较为复杂。密封条通常有金属密封和橡胶密封两种类型：金属密封摩擦力小，使用寿命长，但包容性和顺应性差；橡胶密封摩擦力大，使用寿命短，但包容性和顺应性较好。现在已有企业开发出将两者融合在一起的复合密封条。长期以来，受限于密封技术，转叶式转舵机构只能适应中低油压工作，应用于中小型舵机，但随着密封技术的进步，转叶式转舵机构正逐步向大型舵机拓展。

拨叉式转舵机构主要由单作用油缸、柱塞、舵柄组成，柱塞在工作油液的作用下，通过滚轮（或滑块）将直线运动通过舵柄转化为舵轴的旋转运动。拨叉式具有易于加工制造、密封性好、方便维护、工作可靠等众多优点，但外形尺寸稍大。

想一想

转叶式转舵机构和拨叉式转舵机构的优点和缺点分别是什么？它们一般适用于什么场合？

思考与练习

1. 如何调整参数，使机器人的伸缩臂向上移动？
2. 如何调整参数，使机器人的摄像舵机向下偏转？
3. 技能训练：编写程序，使机器人能够进行连续两次抓球。
4. 技能训练：编写程序，使机器人能够进行连续两次放球。

任务3 取放零件架功能实现

学习目标

1. 能编写取零件架和放零件架程序。
2. 能实现移动机器人取零件架的动作。
3. 能实现移动机器人放零件架的动作。
4. 能在操作中做到精益求精，不可发生碰撞。

情景任务

在之前的任务中，移动机器人已经能够抓放球了。现在需要使移动机器人对零件架进行取放，将其运送到指定工作站。

思路与方法

一、取放零件架系统是如何工作的？

想一想

移动机器人还有哪些取放零件架的方法？

取零件架时，移动机器人首先通过视觉功能定位零件架的具体位置，然后调整自身与零件架的距离，将叉架降低到合适高度后向前移动，使叉架伸到零件架下方，再提升叉架高度，即可实现零件架的取出。

放零件架时，移动机器人首先移动到放置零件架的位置，然后将叉架降低到合适高度，把零件架放置到该位置，再将叉架降低一定高度，使零件架与叉架脱离接触，接着向后移动，即可实现零件架的放置。

二、取放零件架程序的编写流程分别是什么？

移动机器人取放零件架的具体流程如图 4-3-1、图 4-3-2 所示。

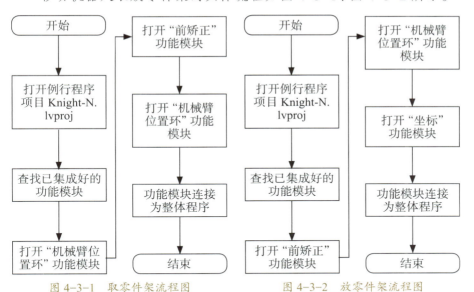

图 4-3-1　取零件架流程图　　　　图 4-3-2　放零件架流程图

活动一：移动机器人取零件架

本活动在移动机器人放球至零件架后进行。

1. 拖动"机械臂位置环"功能模块到主界面，并设置参数为 50，使机器人的机械臂下降至零件架下方高度，与上限位距离 50 cm，如图 4-3-3 所示。

2. 拖动"前矫正"功能模块到主界面，并设置参数，使机器人向前移动到距离挡板 30 cm 处，如图 4-3-4 所示。

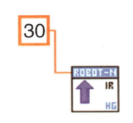

图 4-3-3　"机械臂位置环"功能模块　　　图 4-3-4　"前矫正"功能模块

3. 拖动"机械臂位置环"功能模块到主界面，并设置参数为 30，使机器人的机械臂升高托举零件架，与上限位距离 30 cm，如图 4-3-5 所示。

图 4-3-5 "机械臂位置环"功能模块

4. 将各功能模块连接起来，即可完成取零件架程序的编写，如图 4-3-6 所示。

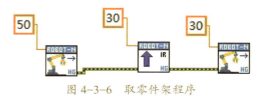

图 4-3-6 取零件架程序

活动二：移动机器人放零件架

想一想

"前矫正"功能模块的作用是什么？

本活动在移动机器人取到零件架后移动到零件架放置点进行。

1. 拖动"前矫正"功能模块到主界面，并设置参数，使机器人向前移动到距离挡板 30 cm 处，如图 4-3-7 所示。

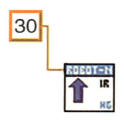

图 4-3-7 "前矫正"功能模块

2. 拖动"机械臂位置环"功能模块到主界面，并设置参数为 40，使机器人的机械臂下降至零件架放置高度，把零件架放置到平台上，与上限位距离 40 cm，如图 4-3-8 所示。

图 4-3-8 "机械臂位置环"功能模块

3. 拖动"坐标"功能模块到主界面，并设置参数为（0，–30），使机器人向正后方移动 30 cm，即放下零件架后脱离接触，如图 4-3-9 所示。

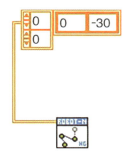

图 4-3-9 "坐标"功能模块

4. 将各功能模块连接起来，即可完成放零件架程序的编写，如图 4-3-10 所示。

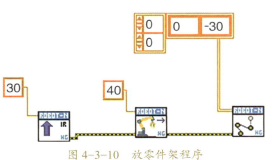

图 4-3-10 放零件架程序

想—想

移动机器人取放零件架时容易受到哪些因素的干扰?

1. 依据世界技能大赛相关评分细则，本任务的评分标准详见下表，总分为 10 分。

表 4-3-1 任务评价表

序号	评价项目	评分标准	分值	得分
1	取零件架机械臂下降	下降到零件架下方高度，不达到高度 1 次扣 1 分	2	
2	取零件架机械臂上升	将零件架托举到规定高度，不达到高度 1 次扣 1 分	2	
3	移动到零件架放置点	移动距离正确，不达到标准距离 1 次扣 1 分	2	
4	放零件架机械臂下降	下降到零件架放置高度，不达到高度 1 次扣 1 分	2	

（续表）

序号	评价项目	评分标准	分值	得分
5	放零件架后移动	离开放置点，移动时不能带动零件架，带动 1 次扣 1 分	2	

2. 对任务评价表中的失分项目进行分析，并写出错误原因。

_____

_____

_____

_____

 拓展学习

机器视觉系统的工作过程

查一查

尝试查找机器视觉的相关资料。

　　一个完整的机器视觉系统的主要工作过程如下：（1）当探测到物体已运动至接近摄像系统的视野中心，工件定位检测器向图像采集部分发送触发脉冲；（2）图像采集部分按照事先设定的程序和延时，分别向摄像机和照明系统发出启动脉冲；（3）摄像机停止扫描，重新开始新的一帧扫描，或在启动脉冲到来前处于等待状态，待启动脉冲到来后启动一帧扫描；（4）在摄像机开始新的一帧扫描前打开曝光机构，曝光时间可事先设定；（5）另一个启动脉冲打开灯光照明，灯光的开启时间应与摄像机的曝光时间匹配；（6）摄像机曝光后，正式开始一帧图像的扫描和输出；（7）图像采集部分接收模拟视频信号，通过 A/D 将其数字化，或直接接收摄像机数字化后的数字视频数据；（8）图像采集部分将数字图像存放在处理器或计算机的内存中；（9）处理器对图像进行处理、分析、识别，获得测量结果或逻辑控制值；（10）图像处理完成后，控制机器的动作，对目标进行定位，并纠正运动的误差。

 思考与练习

1. 如何调整参数，使机器人的机械臂向上移动固定距离？
2. 技能训练：编写程序，使机器人能够依次取出两个零件架。
3. 技能训练：编写程序，使机器人能够依次放置两个零件架。

模块五

移动机器人
运行

前面的四个模块已完成了移动机器人的设计、搭建、底盘调试和目标管理系统调试，接下来可进行移动机器人的整体运行和演示了。

移动机器人的整体运行主要是指机器人能根据给定任务，按照规划好的路径，完成订单板扫码、零件区抓球、放球至零件架、叉起零件架、将零件架运送到相应工作站等一系列任务，应全程连续自动运行，无人为干预。

移动机器人整体运行工作示意图如图 5-0-1 所示。

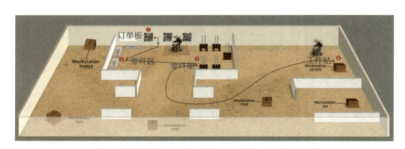

图 5-0-1　移动机器人整体运行工作示意图

任务 1　人机交互系统

 学习目标

1. 能说出人机交互系统的组成。
2. 能对移动机器人进行一键启动编程。
3. 能对移动机器人进行状态指示编程。
4. 能在操作中养成细心、规范、严谨的工作作风。

 情景任务

　　在模块三和模块四中已对移动机器人的底盘系统和目标管理系统进行调试，使其具备整体运行的功能。为了更好地了解移动机器人的运行状态，现在需要在机器人上增设人机交互系统，以便在其出现异常时进行人为干预。

 思路与方法

一、什么是人机交互？

　　人机交互是指人与设备之间使用某种对话语言，以一定的交互方式，为完成确定任务的信息交换过程，有助于人快速准确地操控机器人，使其按自己的指示运行。

想一想

人机交互的作用是什么？

二、人机交互系统由哪些组成？

　　人机交互系统一般分为设备输入部分和设备输出部分。设备输入部分包括鼠标、键盘、语音、摄像头等，设备输出部分包括屏幕、指示灯等。

　　移动机器人的人机交互系统中，输入部分主要是按钮、开关等，输出部分主要是指示灯、数码显示等。电脑程序界面上的按键、字符、数字等也可作为人机交互系统的输入部分，指示灯、显示字符等则可作为输出部分。

三、如何实现人机交互系统中的一键启动？

在人机交互系统中，人可通过按键启动移动机器人，使其自动运行。根据 LabVIEW 编程语言特点来实现移动机器人的一键启动。

LabVIEW 采用数据流编程方式，程序框图中节点之间的数据流向决定了 VI 及函数的执行顺序，数据流语言的每个节点在执行前须提供其所有输入端口的有效数据。

这里可将一键启动封装成一个功能子 VI 作为整个程序的开始，按下按键后，程序以数据流的形式往下执行。执行过程如图 5-1-1 所示。

图 5-1-1　移动机器人一键启动的实现方法

四、如何实现人机交互系统中的亮灯指示？

在人机交互系统中，人可通过移动机器人的亮灯指示，判断其运行状态。运行时指示灯亮，不运行时指示灯灭。

移动机器人一键启动后开始运行，马上点亮指示灯，完成所有工作任务后，调用关闭程序函数，就可以关闭指示灯。执行过程如图 5-1-2 所示。

图 5-1-2　移动机器人亮灯指示的实现方法

活动一：一键启动移动机器人

要求：按下按键，机器人向前移动 50 cm 并自动停下，移动误差在 ±2 cm 内。

这里用到了三个功能子 VI：一个是"开始"按键子 VI ，用于启动机器人；一个是"坐标"子 VI ，用于控制机器人的移动；一个是"关闭程序"子 VI ，用于停止机器人。将编写好的程序下载到移动机器人试运行，调节参数直至满足要求。

想一想

随着机器人变得越来越智能，移动机器人人机交互系统中的输入设备和输出设备将会发生什么变化？请举例说明。

1. 将"开始"按键子VI、"坐标"子VI、"关闭程序"子VI复制并拖拽到编程区,如图5-1-3所示。

图 5-1-3 复制并拖拽功能子 VI

2. 连接各功能子VI,完成程序编写并设置参数,如图5-1-4所示。

想—想

机器人一键启动的编程思路是什么?

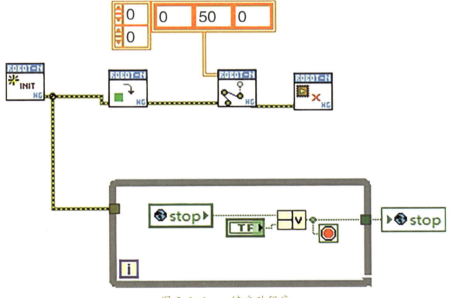

图 5-1-4 一键启动程序

> **注意事项**
>
> 当按下按键没有反应时,须检查按键的硬件连接是否有问题,若没问题,再检查程序编写情况,特别是IO口参数设置是否与硬件对应。

3. 下载程序,观察机器人运行情况。如果运行不足50 cm,须将"坐标"子VI参数设大,反之改小。

活动二：开启移动机器人运行指示灯

要求：机器人一键启动后，点亮指示灯，先向后矫正20 cm（机器人后面距离挡板20 cm），再向前移动50 cm，然后自动停止，指示灯灭。

这里用到了"指示灯"子VI 💡 、"后矫正"子VI 🔊 和"坐标"子VI。"后矫正"子VI利用安装在机器人后面的两个超声波传感器测量其与挡板的距离，并使其与挡板保持平行；"坐标"子VI利用机器人运动学将其前后左右移动的距离自动转化为底盘三个轮子的转速，实现机器人坐标控制。

1. 将"指示灯"子VI、"后矫正"子VI、"坐标"子VI复制并拖拽到编程区，如图5-1-5所示。

想一想

运行指示灯的作用是什么？

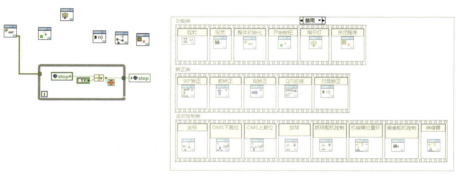

图5-1-5　复制并拖拽功能子VI

2. 连接各功能子VI，完成程序编写并设置参数，如图5-1-6所示。

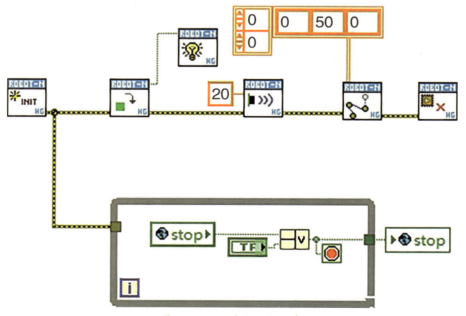

图5-1-6　状态指示灯程序

注意事项

当机器人在运行过程中指示灯不亮时，须检查按键的硬件连接是否有问题，若没问题，再检查程序编写情况，特别是 IO 口参数设置是否与硬件对应。

3. 下载程序，观察机器人运行情况，机器人应先后退至距离墙20 cm 处停下，然后再向前运行 50 cm。如果运行距离未达到要求，须修改参数；如果运行方向不对，须在参数前加负号。

想一想

为了优化数据，调试过程中应如何设置参数？

 **总结评价**

1. 依据世界技能大赛相关评分细则，本任务的评分标准详见下表，总分为 10 分。

表 5-1-1 任务评价表

序号	评价项目	评分标准	分值	得分
1	机器人向右平移	机器人一键启动后，向右平移20 cm 后自动停止；机器人平移运动，移动距离 20 cm，且误差在 ±2 cm 内得分	2	
2	机器人后退并自动停止	机器人一键启动后，后矫正30 cm 后停止；机器人停止后，停在车尾距离挡板 30 cm 处，且误差在 ±2 cm 内得分	2	
3	机器人亮灯指示	机器人一键启动后，指示灯亮 3秒钟后停止；指示灯亮 3 秒钟，超过 1 秒或少于 1 秒不得分	2	
4	机器人平移并指示	机器人一键启动后，点亮指示灯，向右平移 20 cm 后自动停止；一键启动后指示灯点亮，机器人平移运动，移动距离 20 cm，且误差在 ±2 cm 内，自动停止后指示灯关闭得分	2	

（续表）

序号	评价项目	评分标准	分值	得分
5	机器人后退并指示	机器人一键启动后，点亮指示灯，后矫正 30 cm 后停止；机器人停止后关闭指示灯，停在车尾距离挡板 30cm 处，且误差在 ±2 cm 内得分	2	

2. 对任务评价表中的失分项目进行分析，并写出错误原因。

_____

_____

_____

_____

 拓展学习

人机交互系统的最新技术

想一想

未来的人机交互系统具有哪些功能？

智能机器人的三大核心技术模块为交互、感知、运控。其中，交互的全称是人机交互及识别模块，具备语音合成、语音识别、图像采集、图像识别等功能。该模块涉及的硬件和软件主要有拾音器、喇叭、可见光机芯、红外热像仪、显示器、图像识别系统等。

人机交互的目的是研究系统与用户之间的交互关系，提高系统可用性和用户友好性，用户可通过人机交互界面（可视化界面）与系统友好互动。机器人身上通常会安装一个显示屏，用户可通过显示屏与机器人互动并交换信息，这种体验就叫作人机交互。

想一想

脑机交互系统会给人类带来哪些应用？

随着机器人变得越来越智能化，人机交互可实现多通道交互，也就是说，用户可使用语音、手势、眼神、表情等自然的交互方式与计算机系统进行通信。智能用户界面的最终目标是使人机交互像人人交互一样自然、方便，上下感知、眼动跟踪、手势识别、三维输入、语音识别、表情识别、手写识别、自然语言理解等都是智能用户界面必须解决的重要问题，现在甚至出现了直接连接人类脑电波与机器人互动的技术，如图 5-1-7 所示。

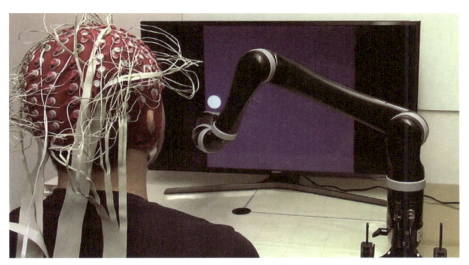

图 5-1-7 脑机交互系统

1. 移动机器人在不停移动的过程中产生累计误差应如何处理?

2. 如何实现一键启动后指示灯闪烁?

3. 简要阐述人机交互系统的发展趋势。

4. 技能训练：移动机器人一键启动后，小车向右平移 20 cm 后在原地按顺时针方向旋转 180°，完成后自动停止。

任务 2　路径规划

学习目标

1. 能说出移动机器人的路径规划分类。
2. 能理解移动机器人路径规划的原理。
3. 能进行抓球路径规划。
4. 能进行放球与送零件架路径规划。
5. 能在操作中养成严谨、细致的工作作风。

情景任务

　　在完成设计、搭建、调试后，移动机器人应根据要求搬运零件了。移动机器人搬运时，要先从起始区运行到零件区扫码，然后到零件区抓球，再到零件架前放球（把球放进零件架）、叉零件架，接着从零件区运行到工作站，将零件架放入相应的工作站。为使移动机器人运行到相应的位置完成相应的动作，现在需要对机器人运行的路径进行规划。

思路与方法

一、移动机器人路径主要有哪些？

　　移动机器人路径可分为抓球路径、放球路径和送零件架路径，包括扫码、抓零件、放零件、叉零件架。移动机器人拾取零件架后将其送入工作站，再返回拾取其他零件架，直至将六个零件架全部送入工作站，才回到起始区。特别是放零件和拾取零件架路径，对精度的要求较高，需要借助矫正点才能完成。

二、路径规划有哪些方法？

　　按照移动机器人对周围环境信息的识别、对信息的掌握程度及对不同种类障碍物的识别进行分类，其路径规划可分成四类：一是在已知

提示

路径规划需要综合考虑复杂、未知情况下的动态障碍物。

的比较熟悉的环境中，根据静态障碍物的位置对机器人路径进行规划；二是在未知的比较陌生的环境中，根据静态障碍物的位置对机器人路径进行规划；三是在已知的比较熟悉的环境中，根据动态障碍物的运行状态对机器人路径进行规划；四是在未知的比较陌生的环境中，根据动态障碍物的运行状态对机器人路径进行规划。

移动机器人的比赛场地位置信息可自己测量或根据图纸得到，获得数据后输入程序中，再进行移动机器人运行调试和修正。由此可见，这种路径规划相当于在已知的比较熟悉的环境中，根据静态障碍物的位置对移动机器人的路径进行规划，所以规划移动机器人路径前要知道场地图信息，并根据位置信息规划好任务流程。

三、移动机器人路径规划的原理是什么？

由于移动机器人的移动可通过坐标参数设置，且场地信息是可以事先知道的，因此其路径规划就变成了坐标控制，即从起始区出发，设置好坐标，机器人移动到相应位置，然后进行相应的操作。但通过坐标轨迹规划路径也有一些缺点，比如轮子在地面上会出现滑动，机器人移动轨迹越多，其实际移动距离与理论坐标值的误差就越大，此时应在适当处增加矫正点，将误差清零后再继续运行。

想一想

为提高机器人移动的精确度，是否矫正点越多越好？矫正点的增加会带来哪些影响？

 活动

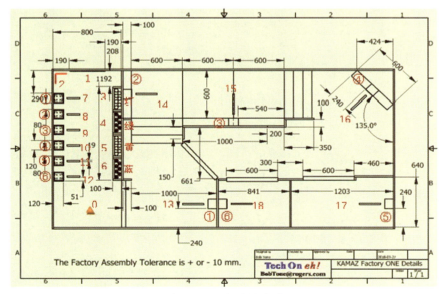

图 5-2-1 场地信息图

活动一：抓球路径规划

要求：根据如图 5-2-1 所示的场地信息图建立一张路径规划表，规划出移动机器人从起始区到零件区的所有路径，并标注好其在每个位置的工作任务。机器人先从 0 号位置出发，移动到 1 号位置扫码，然后根据扫码信息，到 3、4、5、6 号位置对应的零件区抓取订单板上所需的零件。

1. 把移动机器人从起始区到零件区抓球的所有路径的节点连接起来，并标注好机器人在每个节点位置的工作任务。

2. 每条路径如下表所示。

想一想

如果条码中的信息是抓红、黄、绿三个小球，红球放置在零件架最下面，中间放黄球，最上面放绿球，那么机器人套筒抓球时应先抓什么颜色的球，再抓什么颜色的球，最后抓什么颜色的球？

表 5-2-1 创建路径规划表

抓球次数	起点到终点	路径节点	执行任务说明
移动机器人抓第一个球的路径	0→3	0→1→3	移动机器人从 0 号位置出发，移动到 1 号位置扫码，获取码信息后移动到 3 号位置抓红球
	0→4	0→1→4	移动机器人从 0 号位置出发，移动到 1 号位置扫码，获取码信息后移动到 4 号位置抓绿球
	0→5	0→1→5	移动机器人从 0 号位置出发，移动到 1 号位置扫码，获取码信息后移动到 5 号位置抓黄球
	0→6	0→1→6	移动机器人从 0 号位置出发，移动到 1 号位置扫码，获取码信息后移动到 6 号位置抓蓝球
	3→4	3→4	移动机器人从 3 号位置出发，移动到 4 号位置抓绿球
	3→5	3→5	移动机器人从 3 号位置出发，移动到 5 号位置抓黄球
	3→6	3→6	移动机器人从 3 号位置出发，移动到 6 号位置抓蓝球
	4→5	4→5	移动机器人从 4 号位置出发，移动到 5 号位置抓黄球

（续表）

抓球次数	起点到终点	路径节点	执行任务说明
移动机器人抓第二或第三个球的路径	4→3	4→3	移动机器人从4号位置出发，移动到3号位置抓红球
	4→6	4→6	移动机器人从4号位置出发，移动到6号位置抓蓝球
	5→6	5→6	移动机器人从5号位置出发，移动到6号位置抓蓝球
	5→3	5→3	移动机器人从5号位置出发，移动到3号位置抓红球
	5→4	5→4	移动机器人从5号位置出发，移动到4号位置抓绿球
	6→3	6→3	移动机器人从6号位置出发，移动到3号位置抓红球
	6→4	6→4	移动机器人从6号位置出发，移动到4号位置抓绿球
	6→5	6→5	移动机器人从6号位置出发，移动到5号位置抓黄球

活动二：放球与送零件架路径规划

要求：根据图5-2-1建立一张路径规划表，规划出移动机器人从叉起零件架到将零件架送到相应工作站的所有路径，并标注好其在每个位置的工作任务。

1. 把移动机器人送零件架的所有路径的节点连接起来，并标注好机器人在每个节点位置的工作任务。

2. 每条路径如下表所示。

表 5-2-2　创建路径规划表

零件架	起点到终点	路径节点	执行任务说明
①	7→13	7→0→13	移动机器人叉架后从7号位置出发，移动到0号位置，再移动到13号位置放架

想一想

如果机器人运送零件架到⑤号、⑥号工作站，其放置零件架的位置总是有偏差、不准确，那么在哪个位置增加直角矫正点比较好？请标注在图5-2-1上。

讨论

是否有更好的路径？请列出来。

（续表）

零件架	起点到终点	路径节点	执行任务说明
②	8 → 14	8 → 0 → 13 → 14	移动机器人叉架后从 8 号位置出发，移动到 0 号位置，再移动到 13 号位置，最后在 14 号位置放架
③	9 → 15	9 → 0 → 13 → 14 → 15	移动机器人叉架后从 9 号位置出发，移动到 0 号位置，再移动到 13 号位置，继续移动到 14 号位置，最后在 15 号位置放架
④	10 → 16	10 → 0 → 13 → 14 → 15 → 16	移动机器人叉架后从 10 号位置出发，移动到 0 号位置，再移动到 13 号位置，经过 14 号、15 号位置，最后在 16 号位置放架
⑤	11 → 17	11 → 0 → 13 → 14 → 15 → 16 → 17	移动机器人叉架后从 11 号位置出发，移动到 0 号位置，再移动到 13 号位置，经过 14 号、15 号、16 号位置，最后在 17 号位置放架
⑥	12 → 18	12 → 0 → 13 → 14 → 15 → 16 → 18	移动机器人叉架后从 12 号位置出发，移动到 0 号位置，再移动到 13 号位置，经过 14 号、15 号、16 号位置，最后在 18 号位置放架

 **总结评价**

1. 依据世界技能大赛相关评分细则，本任务的评分标准详见下表，总分为 10 分。

表 5-2-3　任务评价表

序号	评价项目	评分标准	分值	得分
1	根据图 5-2-1 写出机器人从 0 号位置去抓红球的路径规划	路径规划位置要到位，要标注出起始位置和终止位置，标注出哪个位置抓球	2	
2	根据图 5-2-1 写出机器人抓完红球再去抓蓝球的路径规划	路径规划位置要到位，要标注出起始位置和终止位置，标注出哪个位置抓球	2	

（续表）

序号	评价项目	评分标准	分值	得分
3	根据图 5-2-1 写出机器人抓完蓝球后把球放入②号零件架的路径规划	路径规划位置要到位，要标注出起始位置和终止位置，标注出哪个位置放球	2	
4	根据图 5-2-1 写出机器人叉起②号零件架送到②号工作站的路径规划	路径规划位置要到位，要标注出起始位置和终止位置，标注出哪个位置叉架、哪个位置放架	2	
5	根据图 5-2-1 写出机器人送完零件架回到 0 号位置的路径规划	路径规划位置要到位，要标注出起始位置和终止位置	2	

2. 对任务评价表中的失分项目进行分析，并写出错误原因。

_____

_____

_____

_____

拓展学习

导航的分类

对于不同的室内与室外环境、结构化与非结构化环境，机器人完成自身定位后，常用的导航方式主要有磁导航、惯性导航、视觉导航、卫星导航等。

磁导航是在路径上连续埋设多条引导电缆（分别流过不同频率的电流），通过感应线圈对电流的检测来感知路径信息。

惯性导航是利用陀螺仪和加速度计等惯性传感器测量移动机器人的方位角和加速率，从而推知机器人的当前位置和下一步的目的地。

视觉导航依据环境空间的描述方式可划分为以下三类：

（1）基于地图的导航：完全依靠移动机器人内部预先保存好的关于环境的几何模型、拓扑地图等比较完整的信息，在事先规划出的全局路线的基础上，应用路径跟踪和避障技术来实现导航，如图 5-2-2 所示；

讨论

导航方式主要有哪些？

想—想

本项目用到的导航方式属于哪一类？

（2）基于创建地图的导航：利用各种传感器创建关于当前环境的几何模型或拓扑模型地图，然后利用这些模型来实现导航；

（3）无地图的导航：在环境信息完全未知的情况下，利用摄像机或其他传感器对周围环境进行探测，通过识别或跟踪探测到的物体来实现导航。

图 5-2-2　基于地图的导航

任务 3   综合运行与演示

学习目标

1. 能根据任务完成抓球程序编写。
2. 能根据任务完成放球与送零件架程序编写。
3. 能根据整体运行情况调节程序参数。
4. 能在操作中养成严谨、细致、认真的工作作风。

情景任务

完成路径规划后，可进行综合运行与演示了。需要根据任务先把路径规划转化成编程语言，然后运行调试，使移动机器人能顺利完成抓球、放球、叉架、送架等任务。

思路与方法

一、综合运行与演示主要包括哪些内容？

移动机器人的综合运行与演示主要指机器人按规定自动完成整个任务，包括扫码、抓零件、放零件、叉零件架、运送零件架等，然后执行另一个扫码任务，完成同样一套动作，直到扫完六次码，运送完六个零件架。

根据图 5-2-1，移动机器人从起始位置 0 向前移动，到 1 号位置识别订单板上的二维码信息，二维码信息表如下页表所示。识别完信息后，移动机器人向右旋转，往零件区平移，在零件库 3、4、5、6 号位置用摄像头寻找并识别零件，抓取订单板上所需的零件，然后回到 2 号位置进行直角矫正。矫正后，移动机器人旋转 180°，往零件架区移动，通过 QTI 巡线传感器先找到 7 号位置的①号零件架。巡到线后，移动机器人将抓取的零件放入 7 号位置的①号零件架，并叉起零件架往 0 号位置移动，从 0 号位置出发，将①号零件架运往相应的①号工作站。将零件架送到对应的工作站后，移动机器人回到起始区，继续

想一想

移动机器人完整地完成一套动作的顺序是什么？

扫码，完成后续的零件和零件架搬运工作。

表 5-3-1　订单板的二维码信息表

Order#willcorrespondtotheordersbelow				
Order#	Ball#1	Ball#2	Ball#3	CC/WS#
1	Blue	Red		2
2	Green	Yellow	Blue	3
3	Red			1
4	Green	Blue		4
5	Yellow	Red		2
6	Red	Green		1
7	Blue			2
8	Green	Red		5
9	Yellow			3
10	Green			4
11	Red	Green	Blue	3
12	Green	Yellow		1
13	Yellow	Blue		1
14	Yellow	Yellow	Yellow	2
15	Red	Red	Green	6
16	Green	Red	Green	5
17	Red	Green	Red	3
18	Blue	Blue		4
19	Yellow	Yellow	Blue	6
20	Blue	Red	Red	6
21	Green	Green		5
22	Red	Blue		6
23	Red	Red		3
24	Blue	Blue	Blue	1
25	Red	Red	Red	4
26	Blue	Yellow	Green	5

（续表）

Order#willcorrespondtotheordersbelow				
Order#	Ball#1	Ball#2	Ball#3	CC/WS#
27	Yellow	Green	Yellow	4
28	Red	Yellow	Yellow	2
29	Blue			5
30	Red			6

二、综合运行与演示程序的编写流程是什么？

知道了综合运行与演示的工作任务后，再来梳理一下整个编程思路。综合运行与演示的具体流程如图5-3-1所示。

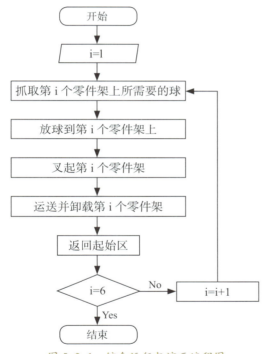

图 5-3-1　综合运行与演示流程图

要求：根据图5-2-1，移动机器人从0号位置出发，移动到1号位置扫码，然后根据扫码信息，抓取相应的零件放入对应的零件架，再叉起零件架送入对应的工作站。

1. 移动机器人从起始区 0 号位置移动到订单板前 1 号位置扫码，得到订单信息。程序如图 5-3-2 所示。

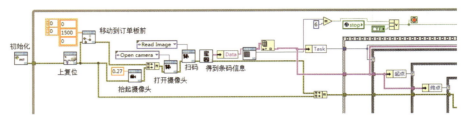

图 5-3-2　移动机器人从起始区到订单板前扫码

2. 假设移动机器人扫码扫到 1 号码，根据码信息要抓蓝、红两个球，因为红球在零件架的上方，所以先抓红球，再抓蓝球。程序如图 5-3-3 所示。

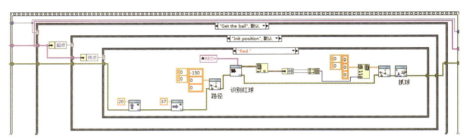

图 5-3-3　移动机器人扫码后抓红球

移动机器人抓完红球后，再从红球零件区移动到蓝球零件区抓蓝球。程序如图 5-3-4 所示。

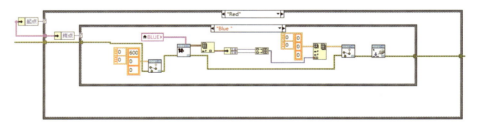

图 5-3-4　移动机器人抓完红球后抓蓝球

移动机器人抓完蓝球后，从蓝球零件区移动到②号零件架。程序如图 5-3-5 所示。

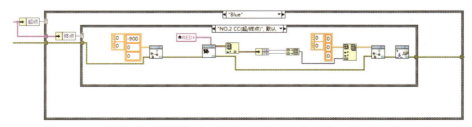

图 5-3-5　移动机器人抓球后运行到零件架前

3. 零件架前方的黑线有助于移动机器人准确地找到零件架并将球放入零件架，所以移动机器人放球时必须寻找地面上的黑线，找到黑线后其左右位置就确定了，再通过前矫正确定前后距离，保证前后左右尺寸没问题后就可以放球。程序如图 5-3-6 所示。

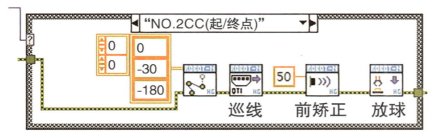

图 5-3-6　移动机器人放球

想—想

如果机器人有时扫不到码，可能哪里出了问题，应如何避免?

4. 零件架上有了球后，移动机器人要将零件架叉起并送到对应的工作站，这一步的任务主要是编写路径规划程序。程序如图 5-3-7 所示。

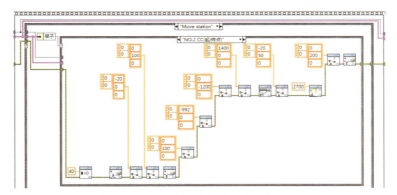

图 5-3-7　移动机器人运送零件架程序

5. 移动机器人完成第一个任务后，回到起始区，继续扫码执行后续任务。程序如图 5-3-8 所示。

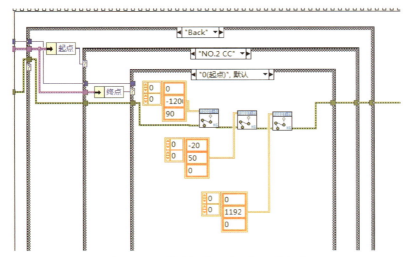

图 5-3-8　移动机器人返回起始区程序

6. 移动机器人整体运行程序如图 5-3-9 所示,部分参数可能需要进一步微调。

讨论

哪些参数需要微调?为什么要微调?

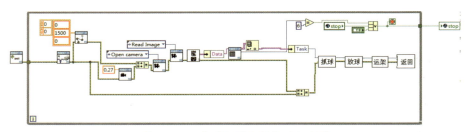

图 5-3-9　移动机器人整体运行程序

 **总结评价**

1. 依据世界技能大赛相关评分细则,本任务的评分标准详见下表,总分为 10 分。

表 5-3-2　任务评价表

序号	评价项目	评分标准	分值	得分
1	机器人扫码后抓球	球的信息与码对应,所抓的球与码信息不对应不得分	2	
2	机器人放球	零件架中球的顺序要正确,顺序不正确不得分	2	
3	机器人运送零件架到对应的工作站	零件架与工作站要对应,不对应不得分	2	
4	机器人回到起始区	机器人回到起始区要越过起始线,没有越过不得分	2	
5	机器人指示灯显示	机器人运行时指示灯点亮,停止后指示灯关闭,没有关闭不得分	2	

2. 对任务评价表中的失分项目进行分析，并写出错误原因。

_____

_____

_____

 拓展学习

云机器人

想一想

云机器人的优点和缺点分别是什么？

云机器人就是云计算与机器人学的结合。和其他网络终端一样，机器人本身无须存储所有资料信息或具备超强的计算能力，只要对云端提出需求，云端能作出相应的响应并满足需求即可。

云机器人作为机器人学术领域的一个新概念，其重要意义在于借助互联网与云计算，帮助机器人相互学习和知识共享，解决单个机器自我学习的局限性。

云计算可赋予机器人更多的智慧。比如，机器人通过摄像头可获取一些周围环境的照片，上传到服务器端后，服务器端可检索出类似的照片，计算出机器人的行进路径，使其避开障碍物，或将这些信息储存起来，方便其他机器人检索，所有机器人可共享数据库，这大大减少了开发人员的开发时间。

随着物联网的兴起，物联网生态系统、云计算、大数据已成为服务机器人行业发展的核心驱动因素。物联网运行过程中所产生的海量数据构成了云计算的基础，而云计算的不断发展将使机器人所使用的软件系统由目前的嵌入式计算系统逐渐演变成信息物理系统。信息物理系统是集计算、通信与控制于一体的下一代智能系统，注重计算资源与物理资源的紧密结合与协调，可实现数据世界与物理世界的交互，在物联网和服务机器人的发展过程中有着深远的影响。

查一查

尝试查找目前市面上应用较广的云端机器人，并分别举例说明其云端应用功能。

具体而言，通过物联网技术的运用，信息物理系统将把与当前嵌入式计算系统相对应的机器人机载计算功能移动到云端，一方面使服务机器人通过开放性的互联网与包括家电在内的其他硬件设备、机器人实现通信与互联，另一方面使机器人借助过去的经验数据进行学习，从而具备更强的环境适应能力。与传统的机器人相比，基于云平台的机器人产品将实现从单一个体向接入云端过渡，真正成为物联网中连接人与其他设备的中枢，并在成本、性能、用户体验等方面实现质的飞

跃。云机器人的云端大脑运营架构如图 5-3-10 所示。

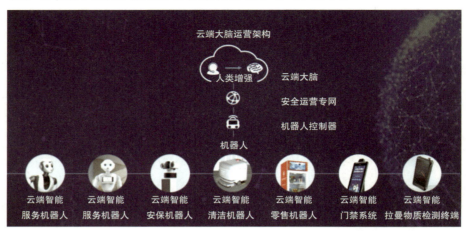

图 5-3-10　云端大脑运营架构

 思考与练习

1. 为提高移动机器人行走路径的准确性，可增设矫正点，那么矫正点是否越多越好？为什么？

2. 移动机器人做哪些动作对精确度的要求比较高？做这些动作时需要注意些什么？

3. 技能训练：移动机器人从起始区出发，扫 8 号码，完成抓球、叉架、送架、返回等任务。

附录 《移动机器人》职业能力结构

模块	任务	职业能力	主要知识
1. 移动机器人设计	1. 移动机器人的底盘设计	1. 能理解移动机器人的移动要求； 2. 能根据要求，使用指定套件设计底盘的机械结构，列出材料清单，并符合尺寸要求和行业标准； 3. 能根据要求，设计移动机器人的轮子，并确定数量； 4. 能根据任务的变化，调整底盘设计方案	1. 常见的移动实现形式； 2. 常见的底盘机械结构形式和机械设计基础； 3. 麦克纳姆轮的特点； 4. 欧米轮的特点
	2. 移动机器人的目标管理系统设计	1. 能理解目标管理系统的升降、伸缩要求； 2. 能根据要求，使用指定套件设计目标管理系统的机械结构，并符合行业标准； 3. 能根据要求，设计末端工具，执行抓球、放球动作； 4. 能根据抓取对象的变化，调整末端工具设计方案	1. 移动机器人的抓球、放球机构特点； 2. 移动机器人的升降机构特点； 3. 移动机器人的伸缩机构特点； 4. 移动机器人的套筒工具特点； 5. 移动机器人的执行机构机械特点
	3. 移动机器人的电气设计	1. 能理解移动机器人的电气控制要求； 2. 能根据要求，合理设计 myRIO 控制器的安装位置和电气连接方式； 3. 能根据要求，合理设计指定超声波传感器、红外传感器、灰度传感器、姿态传感器的安装位置和电气连接方式，并确定数量； 4. 能根据要求，合理设计指定直流电机、舵机的安装位置和电气连接方式，并确定数量； 5. 能根据要求，合理设计指定视觉传感器的安装位置和电气连接方式，并确定数量； 6. 能根据要求，合理设计指定驱动板的安装位置和电气连接方式，并确定数量； 7. 能根据要求，合理设计指定电池、急停按钮的安装位置和电气连接方式，并确定数量； 8. 能根据任务的变化，调整电气设计方案	1. 移动机器人的供电系统电气原理； 2. 移动机器人的控制系统电气原理； 3. 移动机器人的感应系统电气原理； 4. 移动机器人的执行系统电气原理

（续表）

模块	任务	职业能力	主要知识
2. 移动机器人装配	1. 底盘装配	1. 能根据所选底盘方案，合理制定装配步骤； 2. 能组装欧米轮； 3. 能组装麦克纳姆轮； 4. 能正确使用工具，根据工艺要求，在规定时间内规范完成移动机器人底盘的组装； 5. 能调整底盘的螺丝松紧度，使底盘运行顺畅	1. 装配工位空间布局方案； 2. 底盘机械装配工艺要求； 3. 器材备料方法； 4. 装配图识读； 5. 装配工具的使用方法； 6. 装配的操作流程； 7. 调整底盘的方法
	2. 目标管理系统装配	1. 能根据所选执行机构方案，合理制定装配步骤； 2. 能装配目标管理系统； 3. 能组装升降机构； 4. 能组装伸缩机构； 5. 能组装套筒工具； 6. 能正确使用工具，根据工艺要求，在规定时间内规范完成移动机器人执行机构的组装； 7. 能根据要求，调整执行机构的工作空间范围； 8. 能根据要求，调整末端工具的抓取尺寸	1. 装配工位空间布局方案； 2. 执行机构装配工艺要求； 3. 器材备料方法； 4. 装配图识读； 5. 装配工具的使用方法； 6. 装配的操作流程； 7. 调整执行机构的方法； 8. 调整末端工具的方法
	3. 电气接线	1. 能根据所选电气设计方案，合理制定装配步骤； 2. 能安装 myRIO 控制器，并正确进行电气接线； 3. 能安装超声波传感器、红外传感器、灰度传感器、姿态传感器，并正确进行电气接线； 4. 能安装直流电机、舵机，并正确进行电气接线； 5. 能安装视觉传感器，并正确进行电气接线； 6. 能安装驱动板，并正确进行电气接线； 7. 能安装电池、急停按钮，并正确进行电气接线； 8. 能正确使用工具，根据工艺要求，在规定时间内规范完成移动机器人电气线路的装配； 9. 能根据要求，对电线进行标识、绑扎和固定	1. 装配工位空间布局方案； 2. 电气线路装配工艺要求； 3. 电气元器件备料方法； 4. 电气接线图识读； 5. 接线工具的使用方法； 6. 电气线路装配的操作流程； 7. 电线标识、绑扎和固定的工艺要求

模块	任务	职业能力	主要知识
3. 移动机器人底盘系统调试	1. 超声波传感器功能调试	1. 能对超声波传感器进行灵敏度调整； 2. 能合理分配 myRIO 中 DIO 端口供超声波传感器使用； 3. 能编写或调用 LabVIEW 程序进行超声波测距； 4. 能调用 LabVIEW 程序，实现一块挡板被放置在超声波传感器前，机器人作出预定响应（后退、前进）	1. 超声波测距的原理； 2. 超声波 FPGA 底层测量程序的框架与编写方法； 3. LabVIEW 中定时循环程序的框架与编写方法； 4. myRIO 上串口函数的使用方法； 5. 常见超声波测距 LabVIEW 程序的框架与编写方法； 6. 调用 LabVIEW 程序的方法
	2. 红外传感器与灰度传感器功能调试	1. 能对红外传感器、灰度传感器进行灵敏度调整； 2. 能合理分配 myRIO 中的模拟端口供红外传感器、灰度传感器使用； 3. 能编写或调用 LabVIEW 程序实现红外传感器避障功能； 4. 能编写或调用 LabVIEW 程序实现灰度传感器巡线功能； 5. 能调用 LabVIEW 程序，实现贴有黑色胶带的平板被放置在传感器区域内，机器人作出预定响应（后退、前进）	1. 红外传感器和灰度传感器的原理； 2. myRIO 中模拟端口的使用； 3. LabVIEW 中模拟量的编程处理方法； 4. 常见红外测距 LabVIEW 程序的框架与编写方法； 5. 常见灰度巡线 LabVIEW 程序的框架与编写方法
	3. 陀螺仪功能调试	1. 能对陀螺仪进行灵敏度调整； 2. 能用 I2C 接口连接陀螺仪； 3. 能编写或调用 LabVIEW 程序实现用陀螺仪测量角速度和角位移； 4. 能调用 LabVIEW 程序，实现机器人在指定区域内完成逆时针旋转 540°，误差不得超过 ±10°	1. 陀螺仪的原理； 2. I2C 接口的使用； 3. I2C 的 I2C 初始配置、数值属性修改方法； 4. 读取初始角速度的方法； 5. 常见的角速度和角位移 LabVIEW 程序的框架与编写方法
	4. 底盘直流电机调试	1. 能正确配置直流减速电机的 I/O 信号引脚； 2. 能根据要求编写或调用 LabVIEW 程序改变电机转速； 3. 能根据要求编写或调用 LabVIEW 程序改变电机旋转方向； 4. 能正确配置光电编码器的接口； 5. 能根据要求编写或调用 LabVIEW 程序，使用 PID 闭环精准控制电机转速和位置	1. 直流电机方向控制方法； 2. 直流电机转动速度占空比控制方法； 3. 常见直流电机正反转调试控制 LabVIEW 程序的框架与编写方法； 4. 编码器的原理； 5. PID 控制算法的原理； 6. Encoder 函数读取编码计数的方法； 7. 速度环 PID 控制程序的框架与编写方法

模块	任务	职业能力	主要知识
3. 移动机器人底盘系统调试	5. 底盘运动调试	1. 能让底盘实现沿直线前进、沿直线后退、沿直线左平移、沿直线右平移等； 2. 能让底盘实现左转、右转等； 3. 能让底盘实现全向运动	1. 底盘正运动学、逆运动学； 2. 底盘实现全向运动程序的框架与编写方法
	6. 机器人巡线调试	1. 能实现机器人左巡线、右巡线； 2. 能使用数字滤波来进行数据处理； 3. 能运用灰度传感器实现移动机器人巡线； 4. 能在调试中严格遵守安全文明规程，防止机器人在移动中发生碰撞	1. 灰度传感器的原理； 2. 灰度传感器的编程与应用
4. 移动机器人目标管理系统调试	1. 视觉功能调试	1. 能连接摄像头，并正确使用视觉助手工具软件； 2. 能编写图像采集程序； 3. 能实现移动机器人的颜色识别； 4. 能实现移动机器人的条码识别； 5. 能实现移动机器人的形状识别； 6. 能在调试中做到精益求精，降低误差率	1. 机器人视觉的原理； 2. myRIO 中图像采集方法； 3. Vision Assistant 中函数 Image（图像）、Color（彩色图）、Grayscale（灰度图）、Binary（二值图）、Machine Vision（机器视觉）、Identification（识别）等功能； 4. LabVIEW 编程中 NI-IMAQdx 中的图像采集函数功能； 5. 程序中缓冲区功能； 6. 图像中背景干扰的去除方法； 7. 阈值处理、粒子处理、粒子分析； 8. RGB 图像转灰度图方法； 9. 视觉助手中 Barcode Reader 函数实现一维条码识别方法； 10. Pattern Matching 模板匹配功能使用方法
	2. 抓放球功能调试	1. 能正确配置舵机的 I/O 信号引脚，并预留三路舵机接口； 2. 能编写或调用 LabVIEW 程序，使用 PWM 信号控制舵机角度； 3. 能调用 LabVIEW 程序实现机器人抓放球控制	1. PWM 控制的原理； 2. 舵机角度控制的原理； 3. 配置 PWM 通道及频率方法； 4. 常见的舵机角度控制 LabVIEW 程序框架与编写方法

模块	任务	职业能力	主要知识
4. 移动机器人目标管理系统调试	3. 取放零件架功能调试	1. 能编写或调用 LabVIEW 程序实现移动机器人移动到零件架取放位置； 2. 能调用 LabVIEW 程序实现机器人取放零件架控制； 3. 能在调试中做到精益求精，降低误差率	1. LabVIEW 程序中功能模块的使用方法； 2. 常见的舵机角度控制LabVIEW 程序的编写； 3. 移动机器人坐标位置控制的使用方法
5. 移动机器人运行	1. 人机交互系统调试	1. 能说出人机交互系统的组成； 2. 能对机器人进行一键启动编程； 3. 能对机器人进行状态指示编程； 4. 能养成细心、规范、严谨的工作作风	1. 人机交互系统组成； 2. 人机交互系统作用； 3. 人机交互系统的编程与控制方法
	2. 路径规划	1. 能说出移动机器人路径规划分类； 2. 能理解移动机器人路径规划的原理； 3. 能进行抓球路径规划； 4. 能进行放球与送零件架路径规划； 5. 能养成严谨、细致的工作作风	1. 路径规划作用； 2. 路径规划方法； 3. 路径规划实施步骤
	3. 综合运行与演示	1. 能根据要求，让移动机器人从出发区到零件区抓球； 2. 能根据要求，让移动机器人抓球后将球放置到零件架并抬起零件架； 3. 能根据要求，让移动机器人将零件架运送并放入工作站； 4. 能根据要求，让移动机器人自动回到零件区，并且完全通过零件区入口线； 5. 能根据要求，让移动机器人自动并连续完成以上工作任务	1. 各模块程序的调用方法； 2. 模块化程序的连续运行与调试方法； 3. 运行过程中参数的修正步骤和优化方法

编写说明

　　《移动机器人》世赛项目转化教材是在上海市教育委员会、上海市人力资源和社会保障局领导下，由上海信息技术学校联合本市相关职业院校、行业专家，按照市教委教学研究室世赛项目转化教材研究团队提出的总体编写理念、结构设计要求共同编写。本教材可作为职业院校服务机器人装配与运维相关专业的拓展和补充教材，建议学生完成主要专业课程学习后，在专业综合实训或顶岗实践中使用，也可作为相关技能培训教材。

　　本书由上海信息技术学校王珺荻、葛华江担任主编，负责教材内容设计、数字资源开发和组织协调工作。教材具体编写分工如下：时伉丽撰写模块一，汪振中撰写模块二、模块五，邵红硕撰写模块三、模块四，王珺荻撰写前言、附录。全书由王珺荻、葛华江统稿。

　　编写过程中有幸得到上海市教委教研室谭移民老师的悉心指导，以及上海城建学院别红玲、上海电子职业技术学院王凯凯、广东慧谷智能科技有限公司多位企业专家的鼎力支持，同时上海优信教育科技有限公司总经理张文雄与王书瑶老师负责收集材料，并协助拍摄了照片与视频，在此向他们表示衷心的感谢。

　　欢迎广大师生、读者提出宝贵的意见和建议，以便编写组修订时加以完善。

图书在版编目（CIP）数据

移动机器人 / 王珺萩，葛华江主编. — 上海：上海
教育出版社，2022.8
ISBN 978-7-5720-1644-8

Ⅰ. ①移… Ⅱ. ①王… ②葛… Ⅲ. ①移动式机器人
–中等专业学校–教材 Ⅳ. ①TP242

中国版本图书馆CIP数据核字(2022)第155170号

责任编辑　周琛溢
书籍设计　王　捷

移动机器人
王珺萩　葛华江　主编

出版发行　上海教育出版社有限公司
官　　网　www.seph.com.cn
地　　址　上海市闵行区号景路159弄C座
邮　　编　201101
印　　刷　上海锦佳印刷有限公司
开　　本　787×1092　1/16　印张 13.5
字　　数　295 千字
版　　次　2022年8月第1版
印　　次　2022年8月第1次印刷
书　　号　ISBN 978-7-5720-1644-8/G·1518
定　　价　46.00 元